Desiree Palmes
Christoph Friedrich

Ermittlung eines Product Carbon Footprints in der Weinwirtschaft

Desiree Palmes
Christoph Friedrich

Ermittlung eines Product Carbon Footprints in der Weinwirtschaft

als Beitrag zur Verbesserung einer klimaschonenden Weinproduktion (Reihenband 8)

Südwestdeutscher Verlag für Hochschulschriften

Impressum / Imprint
Bibliografische Information der Deutschen Nationalbibliothek: Die Deutsche Nationalbibliothek verzeichnet diese Publikation in der Deutschen Nationalbibliografie; detaillierte bibliografische Daten sind im Internet über http://dnb.d-nb.de abrufbar.
Alle in diesem Buch genannten Marken und Produktnamen unterliegen warenzeichen-, marken- oder patentrechtlichem Schutz bzw. sind Warenzeichen oder eingetragene Warenzeichen der jeweiligen Inhaber. Die Wiedergabe von Marken, Produktnamen, Gebrauchsnamen, Handelsnamen, Warenbezeichnungen u.s.w. in diesem Werk berechtigt auch ohne besondere Kennzeichnung nicht zu der Annahme, dass solche Namen im Sinne der Warenzeichen- und Markenschutzgesetzgebung als frei zu betrachten wären und daher von jedermann benutzt werden dürften.

Bibliographic information published by the Deutsche Nationalbibliothek: The Deutsche Nationalbibliothek lists this publication in the Deutsche Nationalbibliografie; detailed bibliographic data are available in the Internet at http://dnb.d-nb.de.
Any brand names and product names mentioned in this book are subject to trademark, brand or patent protection and are trademarks or registered trademarks of their respective holders. The use of brand names, product names, common names, trade names, product descriptions etc. even without a particular marking in this works is in no way to be construed to mean that such names may be regarded as unrestricted in respect of trademark and brand protection legislation and could thus be used by anyone.

Coverbild / Cover image: www.ingimage.com

Verlag / Publisher:
Südwestdeutscher Verlag für Hochschulschriften
ist ein Imprint der / is a trademark of
OmniScriptum GmbH & Co. KG
Heinrich-Böcking-Str. 6-8, 66121 Saarbrücken, Deutschland / Germany
Email: info@svh-verlag.de

Herstellung: siehe letzte Seite /
Printed at: see last page
ISBN: 978-3-8381-3769-8

Copyright © 2013 OmniScriptum GmbH & Co. KG
Alle Rechte vorbehalten. / All rights reserved. Saarbrücken 2013

Vorwort und Danksagung

Dieses Buch richtet sich an alle – beruflich wie auch privat – Interessierten, die sich mit der Thematik des produktbezogenen Fußabdruckes und des nachhaltigen Wirtschaftens im Weinbau beschäftigen. Ganz besonders angesprochen sollen sich Winzerinnen und Winzer fühlen, die ihren Weinbaubetrieb über die gesetzlich geforderten Maßstäbe hinaus umweltgerecht gestalten oder dies bezüglich Maßnahmen ergreifen möchten. Ihnen soll das Buch Anregung bieten, sich über eine praxisnahe Methode zur Berechnung von klimarelevanten Emissionen in der Weinwirtschaft zu informieren bzw. diese auch in der Praxis anzuwenden zu können.

Ein herzliches Dankeschön sprechen wir allen aus, die uns bei der Erstellung des Buches unterstützt und uns in sonstiger Weise wertvolle Hilfe geleistet haben.

Ganz herzlich möchten wir uns bei Herrn Oswald Walg vom Dienstleistungszentrum ländlicher Raum Rheinhessen-Nahe-Hunsrück, Standort Bad Kreuznach, und Herrn Felix Prinz zu Salm-Salm vom Weingut Prinz Salm in Wallhausen für ihre fachliche Unterstützung bedanken.

Ein besonderer Dank gilt unserem Betreuer Herrn Prof. Dr. Gerhard Roller von der Fachhochschule Bingen, der uns bei der Erstellung unserer Abschlussarbeiten jederzeit mit gutem fachlichen Rat zur Seite stand. Herrn Ludger Nuphaus von Institute for Environmental Studies and Applied Research (FH-Bingen) danken wir ebenfalls für die gute Zusammenarbeit.

Ein großes Dankeschön sprechen wir außerdem Herrn Richard Grünewald vom Weingut Grünewald & Schnell, Worms, aus, der uns besonders bei der Entwicklung des „Wein-CO_2-Rechners", aber auch bei weiteren Fragestellungen rund um das Thema nachhaltiger Weinbau konstruktiv mit seinen praktischen Erfahrungen unterstützte.

Stromberg/Emmelshausen, im Oktober 2013

Desiree Palmes   *Christoph Friedrich*

Inhaltsverzeichnis

Zusammenfassung 1

1. Teil - Einführung 3

I. Risiken der globalen Erwärmung 3

A. Der Klimawandel in der öffentlichen Diskussion 3

B. Der Treibhausgaseffekt 3

C. Mögliche Auswirkungen des Klimawandels 4

II. Folgen des Klimawandels für den Weinbau 5

III. Der Product Carbon Footprint 6

IV. Aktivitäten innerhalb des Forschungsverbundes 7

2. Teil - Erhebung eines Product Carbon Footprint zweier Produkte 9

I. Organisation und Vorgehensweise zur Berechnung des PCF 9

II. Erhebung des Product Carbon Footprint - Weingut Prinz Salm 11

A. Ziele des Fallbeispiels 11

B. Definition von Ziel und Untersuchungsrahmen 11

III. Bilanzrahmen und einbezogene Lebenszyklusphasen 12

A. Funktionelle Einheit 12

B. Beschreibung des Produktsystems 12

IV. Sachbilanz mit Daten, Datenquellen, Annahmen 13

A. Sachbilanz Rohstoffgewinnung 16

B. Sachbilanz Produktion 18

C. Sachbilanz Reststoffanfall/Abfallentsorgung 20

V.	**Berechnung der Lebenszyklusphasen** **20**	
A.	**Rohstoffgewinnung** **20**	
	1. THG-Emissionen durch Materialeinsatz im Weinberg 20	
	2. THG-Emissionen durch die Rebpflanzguterzeugung 23	
	3. THG-Emissionen durch Begrünungs-Saatgut 25	
	4. THG-Emissionen der Tätigkeiten im Weinberg 25	
	5. THG-Emissionen durch Stickstoff-Düngung 28	
	6. THG-Emissionen durch Pflanzenschutzmittel 29	
	7. THG-Emissionen durch Entsorgung 31	
	8. THG-Emissionen durch Verpackungen 33	
	9. Zusammenfassung der THG-Emissionen der Rohstoffgewinnung 38	
B.	**Produktion** **38**	
	1. THG-Emissionen durch Tätigkeiten in der Kellerwirtschaft 38	
	2. THG-Emissionen durch Entsorgung 43	
	3. Zusammenfassung der THG-Emissionen der Produktion 43	
C.	**Distribution** **43**	
D.	**Produktnutzung** **48**	
E.	**Entsorgung** **49**	
F.	**Berechnung des PCF-Gesamtwertes** **51**	
G.	**Auswertung der Ergebnisse** **52**	
H.	**Diskussion der Ergebnisse** **61**	

3. Teil - Erhebung des Product Carbon Footprint Staatsweingut Bad Kreuznach 62

I.   Das Staatsweingut Bad Kreuznach (DLR-R.N.H) 62

II.   Untersuchungsrahmen 63

III. Lebenszyklusphasen 65

IV. Ergebnisse 68

V.   Sensitivitätsanalyse Nutzungsphase– Staatsweingut Bad Kreuznach ... 73

Teil 4 – Übergreifende Schlussfolgerungen 77

I.   Reduktionsmaßnahmen 77

II.   Der CO2-Emissionsrechner im Weinbau 80

III. Fazit und Ausblick 82

Quellenverzeichnis 86

Abkürzungsverzeichnis 92

Zusammenfassung

Der Klimawandel stellt heute für die Politik, Wirtschaft, Forschung und auch für die Gesellschaft eine zentrale Herausforderung dar. Die Industrieländer haben sich das anspruchsvolle Ziel gesetzt, ihre Treibhausgase bis zum Jahre 2050 um 80%, bezogen auf die Emissionen von 1990, zu reduzieren. Aus diesem Grunde wird es für Unternehmen immer wichtiger, die Klimawirkungen ihrer Produkte zu prognostizieren, um somit nachhaltige Reduktionsmaßnahmen in die praktischen Arbeitsabläufe integrieren zu können. Hiervon betroffen ist auch die Weinherstellung. Um besonders emissionsintensive Phasen und Prozesse identifizieren zu können, wurde der Product Carbon Footprint (PCF) (CO_2-Fußabdruck) entwickelt. Er basiert methodisch auf dem Ökobilanz-Ansatz, ist aber auf die Wirkungskategorie des Treibhauseffektes beschränkt. Bei der Bilanzierung werden die direkten und indirekten Emissionen der klimarelevanten Spurengasen aller Materialien, Aktivitäten und Prozesse entlang des gesamten Lebenszyklus erfasst. Zu den Lebenszyklusphasen zählt die Gewinnung der Rohstoffe, die Produktion, Distribution, Produktnutzung und die Entsorgungs- und Recycling- Phase. Das Instrument des CO_2-Fußabdrucks kann den Winzern wertvolle Hinweise auf Energie- und Treibhausgas-Einsparpotentiale geben. Durch eine effiziente Verarbeitung des Erntegutes kann die Weinwirtschaft in der Anbauphase, sowie in den weiteren Verfahren der Kellerwirtschaft, die durch einen intensiven Maschinen- und Energieeinsatz geprägt sind, zur Minderung der THG- Emissionen beitragen. Ein Forschungsverbund der Fachhochschule Bingen, der Hochschulen Darmstadt und Pforzheim hat sich speziell mit der Frage beschäftigt, inwieweit das Instrument des PCF für kleine und mittlere Unternehmen in der Praxis anwendbar ist. Im Rahmen des vom Bundesministerium für Forschung geförderten Projektes wurde in einer Masterarbeit für das Staatsweingut Bad Kreuznach des Dienstleistungszentrums Ländlicher Raum Rheinhessen-Nahe-Hunsrück, (DLR- R.N.H), ein Product Carbon Footprint (PCF) erstellt. Die Bilanz für einen Riesling- und Spätburgunderanbau umfasst die gesamte Außenwirtschaft, beginnend bei der Pfropfrebenerzeugung über die Herrichtung der Jung- und Ertragsanlage bis zur Rodung der Altanlage. Alle kellerwirtschaftlichen Produktionsschritte vom Keltern bis zur Flaschenausstattung wurden ebenso erfasst wie die Vertriebswege der Weine. Parallel dazu erfolgte innerhalb einer Bachelorarbeit die Erhebung bzw. Bilanzierung eines Steillagenanbaus in einem ökologisch arbeitenden Weinbaubetrieb. Neben der Festlegung des Produktsystemes werden die Systemgrenzen in Form vonProzesslandkarten verdeutlicht. Die genauen Verfahrensabläufe aller fünf Lebenszyklusphasen werden unter Beachtung der aktuell bestehenden Normen und Regelwerke bilanziert. Mit einer Ergebnisdarstellung und Sensitivitätsanalyse sowie mit Maßnahmenvorschlägen zur CO2-Reduktion schließt die Studie ab. Weiterhin werden die Erfahrungen des gesamten Bilanzierungsablaufes des PCF analysiert sowie Verbesserungsvorschläge zur CO2-Reduktion unterbreitet. Die hierbei ermittelten Daten und Systemgrenzen der Studien bildeten die Grundlage für die Entwicklung des „CO2-Rechners" in Form eines standardisierten Excel-Tools, um interessierten Winzern die Möglichkeit zu eröffnen, eigenständig einen produktbezogenen Kohlendioxid-Fußabdruck für ihre Weine zu ermitteln. Die Schrift umfasst die wesentlichen Ergebnisse beider Studien und eine zusammenfassende Bewertung der Handlungsoptionen für Winzer, ihre Produktion klimaverträglich zu optimieren. Es richtet sich an Praktiker und diejenigen, die sich mit Fragen der Anwendbarkeit der Methodik eines Carbon Footprint in der Weinwirtschaft befassen.

1. Teil - Einführung

I. Risiken der globalen Erwärmung

A. Der Klimawandel in der öffentlichen Diskussion

Über viele Jahrzehnte entwickelten sich unzählige Theorien, die den Klimawandel durch wissenschaftlich fundierte Kenntnisse belegen sollen und die oftmals Gegenstand kontroverser Diskussionen sind. Die wissenschaftlichen Grundlagen des Klimawandels sind für Laien oftmals schwer verständlich. Die Bedrohung durch den globalen Klimawandel stellt für viele Menschen nur eine theoretische Gefahr dar, obwohl der messbare Anstieg der anthropogen verursachten Treibhausgase wie Kohlendioxid (CO_2), Distickstoffoxid/Lachgas (N_2O), Ozon (O_3) oder Methan (CH_4) in der Atmosphäre durch die Verbrennung fossiler Energieträger (Kohle, Erdöl und Erdgas) zunimmt und er somit, geschätzt nach IPCC 2007, etwa 50 Prozent zur Klimaerwärmung beiträgt[1].
Als weitere emissionsverursachende Prozesse werden der Beitrag aus der chemischen Industrie (v.a. FCKW und FKW) mit etwa 20 Prozent, die Waldvernichtung und -abholzung mit 15 Prozent, sowie die Emissionen aus der Landwirtschaft[2] und anderen Bereichen [z.B. Mülldeponien] mit 15 Prozent geschätzt.

B. Der Treibhausgaseffekt

Der Treibhausgaseffekt lässt sich damit erklären, dass sich die mittlere Temperatur der Erde aus einem Strahlungsgleichgewicht ergibt, einige Gase in der Atmosphäre aber in die Strahlungsbilanzen eingreifen, indem sie die ankommende Sonneneinstrahlung (UV-Strahlung) zwar passieren lassen, nicht jedoch die von der Erdoberfläche reflektierte langwellige Thermalstrahlung des infraroten Bereiches. Dies hat zur Folge, dass die Wärme von der Oberfläche nicht ungehindert ins All abgestrahlt wird. Es kommt im übertragenen Sinne zu einer Art „Wärmestau" in der Nähe der Erdoberfläche. Diese Wärmestrahlung entweicht aber nicht ins Weltall, sondern wird in der Atmosphäre von den Treibhausgasen absorbiert. Zu den wichtigsten dieser klimarelevanten Gase gehören Kohlendioxid, Wasserdampf und Methan. Diese Gase geben die absorbierte Wärme durch Konvektion und Strahlung in alle Richtungen gleichmäßig ab, somit auch einen

---

[1] Nicht in der Natur vorkommenden Klimagase, sondern durch den Menschen verursacht.
[2] Lachgas-Emissionen durch Rinderhaltung, Reisanbau, Lachgas-Emissionen durch Düngung.

Teil zur Erdoberfläche, mit der Folge, dass die Wärmestrahlung durch die Treibhausgase zunimmt. Diesen Vorgang bezeichnet man als Treibhauseffekt, welcher unumstritten natürlichen Ursprungs ist (natürlicher Treibhauseffekt), aber anthropogen beeinflussbar ist. Gleichermaßen ist dieser Effekt auch lebensnotwendig, da ohne ihn die Erde auf Grund der zu geringen Temperaturen nicht für höhere Lebewesen geeignet wäre. Die im Mittel auf der Erdoberfläche ankommende Sonnenstrahlung beträgt 342 Watt/m². Sie setzt sich aus direkter und diffuser Strahlung zusammen und wird als Globalstrahlung bezeichnet, etwa 30 Prozent hiervon werden reflektiert. Die verbleibenden 239 Watt/m² werden zu 96 Prozent von der Land- und Wasserfläche absorbiert. Diese Flächen geben die aufgenommene Energie als Wärmeenergie wieder zu 98 Prozent ab, was als Ausstrahlung der Erdoberfläche bezeichnet wird. 77 Prozent dieser sogenannten Ausstrahlung werden durch die Atmosphäre als Gegenstrahlung wieder zur Erdoberfläche zurückgegeben. So wird die mittlere Temperatur, die ohne das Vorhandensein einer Atmosphäre -18°C betragen würde, um 33 °C auf 15°C angehoben[3]. Diese Temperaturdifferenz wird vom Treibhauseffekt verursacht, der erst das Klima auf der Erde möglich macht, aber auch bei einer geringen prozentualen Verstärkung eine Erwärmung um mehrere Grad bewirken kann.

C. Mögliche Auswirkungen des Klimawandels

Viele Szenarien beruhen zudem auf regionalen Veränderungen, die nur schwer zu prognostizieren sind. Besonders in der Landwirtschaft erwartet die europäische Umweltagentur für einige Regionen, insbesondere in Teilen Südeuropas, Ertragsverluste durch Wassermangel, in anderen weiten Teilen Europas hingegen Ertragssteigerungen bei gleichzeitigen Einbußen durch Hochwasserereignisse, Dürreperioden, Sturm oder Hagelschlag.
Die Landwirtschaft hat die Aufgabe, die Ernährung der Weltbevölkerung zu sichern, andererseits wird auch gefordert, ihre Bewirtschaftungsweisen an umweltorientierte Standards (Cross Compliance) anzupassen, um die Schutzgüter (Mensch, Wasser, Boden, Pflanzen/Tiere, Klima/Luft) vor negativen Beeinträchtigungen zu schützen. Dieser Nachhaltigkeitsaspekt wird seit dem Jahre 2012 verstärkt durch die Einführung der zweiten Säule der Agrarpolitik gefördert, welche die Landwirtschaft mit dem Umweltschutz an gezielten Stellen verknüpfen soll, denn die Veränderung von Temperatur und Niederschlagsmenge stehen in direkter Verbindung zu den Nahrungsmittelerträgen.

---

[3] Vgl.. Kraus 2004.

II. Folgen des Klimawandels für den Weinbau

Auch im Weinbau werden bereits beobachtete Veränderungen als Indikatoren für den Klimawandel herangezogen, die am Potsdamer Institut für Klimafolgenforschung (PIK) und mit Kooperationspartnern aus verschiedenen Weinbauregionen Europas untersucht werden. Austrieb, Blütebeginn und Reife der Trauben treten seit den neunziger Jahren des letzen Jahrhunderts vielfach früher im Jahr auf und so beobachtet man in Deutschland einen zunehmenden Wechsel von Weiß- zu Rotweinsorten. Ein weiterer Vorteil der Veränderungen begründet sich daraus, weitere Regionen und Flächen für den Weinbau erschließen zu können. Jedoch begünstigt die Klimaveränderung auch die Zunahme an Schädlingen in den Weinberganlagen, was durch den erhöhten Einsatz an Pflanzenschutzmitteln einerseits teuer, damit gewinnminimierend ist, andererseits wiederum für die Umwelt eine weitere Belastung darstellt. Diese Problematiken gilt es zukünftig zu meistern, denn bei einer weltweiten Anbaufläche von 7.550.000 Hektar [4], wovon 102.000 Hektar und somit 1,35 Prozent auf Deutschland entfallen, kann eine nachhaltige Bewirtschaftungsweise unter Einbezug einer angepassten Technik und guten fachlichen Praxis ein Beitrag zur Reduzierung des Klimawandels sein. Aber auch die Frage nach den Chancen eines nachhaltigen Ressourcenmanagements in der Kellerwirtschaft beschäftigt die Praktiker. Durch eine effiziente Verarbeitung des Erntegutes kann die Weinwirtschaft in den weiteren Verfahren der Kellerwirtschaft, die durch einen intensiven Maschinen- und Energieeinsatz geprägt sind, ebenfalls zur Minderung der THG-Emissionen beitragen.

Eine Untersuchung zeigt, dass der Stromverbrauch bei der Weinerzeugung im Durchschnitt bei rund 0,13 kWh pro Liter Wein liegt, wobei dies maßgeblich nicht unbedingt von der Betriebsgröße, sondern von Produktionsverfahren und Verfahrenstechnik abhängig ist.[5] In den ersten Schritten der Weinproduktion sind es vor allem die Großgeräte wie Entrapper, Mühle und Presse, welche einen besonders hohen Energieverbrauch aufweisen. Aber auch die elektrischen Aufwendungen der Mostbehandlung wie das Separieren, Flotieren und Filtrieren sind bei einer jährlichen deutschen Produktionsmenge von 7,2 Mio. hl [6] nicht zu vernachlässigen. Besonders die anschließende Gärungsphase und Abfüllung kann die Verbrauchswerte und damit die Kosten schnell in die Höhe treiben.

---

[4] Die Anbaufläche der europäischen Union beträgt 3.630.000 ha und macht somit einen Anteil von 48 Prozent der weltweitern Fläche aus; Deutsches Weininstitut Mainz; Deutscher Wein Statistik 2011/2012.
[5] Vgl.. Das deutsche Weinmagazin, Wieviel Strom braucht der Wein?, 18. Mai 2002.
[6] Vgl.. Deutsches Weininstitut Mainz . Die weltweite Weinproduktion 2011 beträgt 260 Mio. hl, die europäische 152,9 Mio. hl.

Einen für die Zukunft wichtigen und zu untersuchenden Schwerpunkt stellen auch die verschiedenen Verpackungssysteme dar.
Gleichermaßen ist auch die Vermarktungsstruktur und der gezielte Einsatz von Möglichkeiten eines klimafreundlichen Weinversands zu beachten, dessen Anteil in Deutschland 3,9 Mio. hl [7] und damit einen Anteil von 54 Prozent der gesamten produzierten deutschen Weinmenge beträgt. Auch der Verbraucher, dem laut einer Statistik des Deutschen Weininstitutes ein Jahresverbrauch von 20,5 Liter pro Kopf[8] an Wein zugerechnet wird, kann durch umweltbewusstes Einkaufen, Lagern der Produkte und Recyceln der Verpackungen deutlich zur Minderung der THG-Emissionen im Produktlebensweg beitragen[9].

III. Der Product Carbon Footprint

Um besonders emissionsintensive Phasen und Prozesse identifizieren zu können, wurde der Product Carbon Footprint (PCF) entwickelt, der auch unter der deutschen Übersetzung „CO_2-Fußabdruck eines Produktes" bekannt ist. Er stellt, vereinfacht gesagt, eine Ökobilanz mit nur einer Wirkungskategorie, die des Treibhauseffektes, dar. Bei der Bilanzierung werden die direkten und indirekten Emissionen der klimarelevanten Spurengasen aller Materialien, Aktivitäten und Prozesse entlang des gesamten Lebenszyklus erfasst. Zu den Lebenszyklusphasen zählt die Gewinnung der Rohstoffe, die Produktion, Distribution, Produktnutzung und die Entsorgung. Diese Art der Analyse bezeichnet den „cradle to grave" Ansatz, was bedeutet, dass die Betrachtung des Lebenszyklus nicht nach der Distribution, wie bei dem des „cradle to gate" Ansatzes endet, sondern die Nutzungsphase und Entsorgungsphase des Produktes einschließt.
Die Betrachtung aller fünf Phasen erweist sich bei vielen Produkten als sinnvoll, da nicht nur die Unternehmen Verantwortung haben, einen positiven Beitrag zum Klimaschutz zu leisten, sondern auch jeder Verbraucher.[10] Nach Erhebungen des Umweltbundesamtes aus dem Jahre 2009 belaufen sich die gesamten Treibhausgasemissionen der Bundesrepublik Deutschland auf 920,1 Millionen Tonnen, CO_2-Äquivalente[11]. Der PCF kann zur Transparenz in der Wertschöpfungskette beitragen, indem grundsätzlich die Potenziale analysiert werden, wie Emissionen möglichst effizient reduziert und die Klimarelevanz von Produkten

---

[7] Deutsches Weininstitut Mainz, Deutscher Wein Statistik, 2011/2012.
[8] Vgl.. Deutsches Weininstitut Mainz, Deutscher Wein Statistik, 2011/2012.
[9] Vgl.. Roller/Nuphaus/Walter, März 2012.
   auf den laut einer Untersuchung des Statistischen Bundesamtes im Jahre 2009 ca. 7,5 Tonnen an CO_2-Emissionen entfielen, Pressemitteilung Nr.465 vom 13.12.2010.
[11] http://www.umweltbundesamt. daten-zur-umwelt.de/umweltdaten/public/theme.do?nodeIdent=3152.

und Dienstleistungen verbessert werden können. Darüber hinaus können auch gemeinsam mit Unternehmenspartnern Optimierungen innerhalb der Wertschöpfungskette erarbeitet werden, um weitergehend Konsumenten durch entsprechende Informationen beim Kauf und der Nutzung auch über emissionsärmere Handlungsalternativen zu informieren[12]. Damit können Impulse für die Weiterentwicklung der eigenen und übergeordneten Klimastrategie gewonnen werden. Allerdings existieren zum methodischen Vorgehen bei der Berechnung eines PCF derzeit noch keine allgemein anerkannten internationalen Berechnungsstandards, obwohl sich zahlreiche Initiativen die Erarbeitung von Methoden und Empfehlungen zum Ziel gesetzt haben.

IV. Aktivitäten innerhalb des Forschungsverbundes

Der Forschungsverbund, bestehend aus dem Institute for Environmental Studies and Applied Research (IESAR) und der Transferstelle für Rationelle und Regenerative Energienutzung (TSB) der Fachhochschule Bingen, der Sonderforschungsgruppe Institutionsanalyse (SOFIA) der Hochschule Darmstadt sowie das Team Material Flow and Environmental Management (IAF) der Hochschule Pforzheim, beschäftigt sich speziell mit der Frage, ob und inwieweit das Instrument des PCF für kleine und mittlere Unternehmen in der Praxis anwendbar ist. Zudem wird untersucht, wie der PCF in Richtung der Verbraucher kommuniziert werden könnte. Das vom Bundesministerium für Forschung und Bildung geförderte Forschungsprojekt mit dem Titel *„Unternehmensvorteile durch Umweltmanagement entlang der Wertschöpfungskette und durch Verbraucherinformation - Chancen und Rahmenbedingungen für die Bestimmung und die Kommunikation des CO_2-Fußabdrucks von Produkten, insbesondere für kleine und mittlere Unternehmen"* ist auf einen dreijährigen Zeitraum (Aug. 2010 – Juli 2013) ausgelegt. In Kooperation mit Partnern aus der Wirtschaft werden hierbei innerhalb verschiedener Fallbeispiele *(Abbildung 1)* Produkte hinsichtlich ihrer Klimawirksamkeit untersucht und vorrangig auf Fragen der Datenherkunft, Genauigkeit und Belastbarkeit der Ergebnisse bei der Erhebung eingegangen. Mit einem anschließenden Vergleich der Erfahrungen über verschiedene Unternehmensgrößen, Produktarten und Branchen hinweg werden Erkenntnisse gewonnen, die für die anschließende Bewertung der Praxistauglichkeit des PCF von Bedeutung sind.

Ein weiterer Bestandteil des Forschungsprojekts PCF-KMU sind empirische Erhebungen zum Konsumverhalten und Verbraucherbefragungen zum Thema

---

[12] Vgl.. Bundesministerium für Umwelt, Naturschutz und Reaktorsicherheit/Bundesverband der Deutschen Industrie e.V., Produktbezogene Klimaschutzstategien – Product Carbon Footprint verstehen und nutzen, Juni 2010, S. 21.

Treibhausgasemissionen, die in Fokusgruppen erarbeitet werden. Der Schwerpunkt bei den von der Fachhochschule Bingen bearbeiteten Fallbeispielen liegt hauptsächlich im Bereich der Getränkeherstellung wie Wasser, Bier, Apfelsaft und Wein rheinland-pfälzischer Unternehmen.

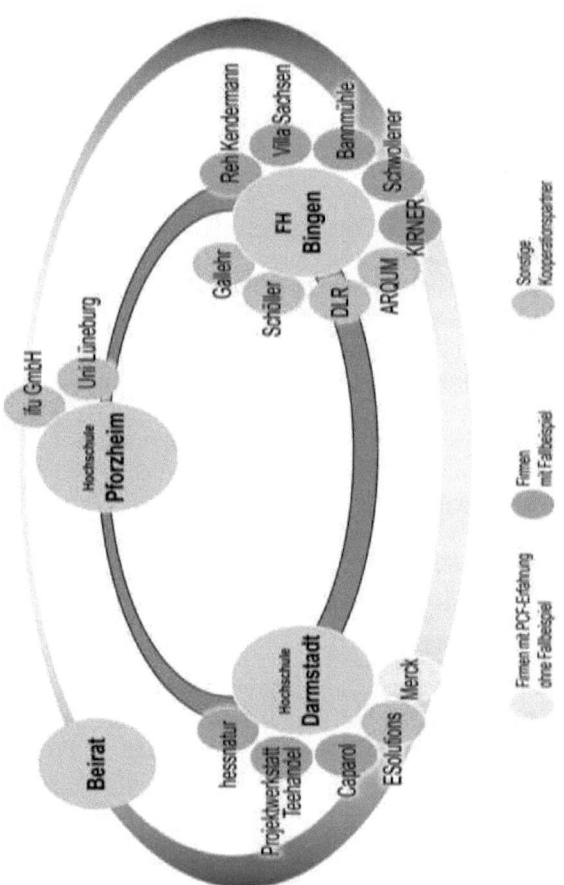

Abbildung 1: Struktur des Forschungsverbundes und der Kooperationspartner

2. Teil - Erhebung eines Product Carbon Footprint zweier Produkte

I. Organisation und Vorgehensweise zur Berechnung des PCF

Das Staatsweingut Bad Kreuznach des Dienstleistungszentrums Ländlicher Raum Rheinhessen-Nahe-Hunsrück (DLR-R.N.H.) und das Weingut Prinz Salm, gelegen im rheinland-pfälzischen Weinanbaugebiet Nahe, haben sich entschlossen, für ein bzw. zwei Produktsysteme ihrer Wahl einen Produkt Carbon Footprint (PCF) zu erstellen[13].

Die folgenden Kapitel enthalten die Erhebung und Berechnung des Product Carbon Footprints der ausgewählten Produktsysteme beider Projektpartner.
Die Vorgehensweise der Bilanzierung beruht auf dem Entwurf der ISO 14067 (ISO/CD 14067-1), die im Wesentlichen auf der Grundlage der Ökobilanzierung nach ISO 14040/14044 basiert.
Der ISO 14067-Entwurf sieht vor, alle Lebenszyklusphasen eines Produktes in der Bilanzierung zu beachten.

Hierzu zählen die folgenden fünf Phasen:

- Rohstoffgewinnung und Beschaffung
- Produktion
- Distribution
- Nutzungsphase
- Entsorgung und Recycling

Kapitel 6.1 des ISO 14067 Entwurfes verweist auf die Berücksichtigung zur Verwendung der Product Category Rules (PCR) auf Grundlage der DIN EN ISO 14025[14]. Für die PCF-Erhebung im Bereich des Weinbaus wird das Modul „*Wine of fresh grapes, except sparkling wine; grape must*" als PCR-Dokument beachtet.[15] Kapitel 6.2 des ISO Entwurfes beschreibt neben der Zielsetzung auch den Anwendungsbereich zur Quantifizierung eines PCFs, die im Folgenden nä-

---

[13] Kolesch, Tagungsband zur 56. Wintertagung.
[14] Deutsche Norm, Umweltkennzeichnungen und -deklarationen – Typ III Umweltdeklarationen – Grundsätze und Verfahren (ISO 14025:2006); Deutsche und Englische Fassung EN ISO 14025:2010, August 2010.
[15] Vgl.. International EPDsystem (2011): http://www.environdec.com/it/PCR/Forum/Wine-of-fresh-grapes-except-sparkling-wine-grape-must/.

her beschrieben und auf das zu bilanzierende Produkt angewendet werden. Diese Kriterien werden durch die Vorgaben des Kapitels 6 und 7 der PCR ebenfalls konkretisiert.

Vor der Bilanzierung wurde mit den Unternehmen Fragen zum Projektablauf und der Datenaufnahme erörtert sowie die Systemgrenzen gemeinsam festgelegt. Die Datenerfassung erfolgte mit Hilfe von Datenblättern, die sich auf die Verfahrensabläufe aller 5 Lebenszyklusphasen beziehen.
Die Erhebung beinhaltet die Neuanlage des Weinbergs, wobei neben dem Materialeinsatz auch die Emissionsfreisetzung bei der Weinbergpflege mit einbezogen wird, die durch die Bodenbearbeitung und den Einsatz von Dünge-/Pflanzenschutzmitteln verursacht wird. Während sich die Bilanzierung des PCF beim Staatsweingut Bad Kreuznach auf eine 30-jährige, konventionell im Direktzug bewirtschaftete Anlage bezieht, wurde im ökologisch wirtschaftenden Weingut Prinz Salm eine Steillage mit 45-jähriger Nutzungsdauer zur Untersuchung herangezogen. Die Weinlese wird im Hinblick auf die eingesetzten Arbeitsmittel und die Weiterverarbeitung des Erntegutes mit seinem Transport in die Kellerei, sowie der Weiterverarbeitung des Mostes bilanziert. Anschließend erfolgt die Betrachtung des Kelterns und der Gärung, die Behandlung des jungen Weines vor der Abfüllung in Flaschen sowie die Lagerung des Endproduktes. In diesen Arbeitsschritten unterscheiden sich die Arbeitsweisen beider Weingüter. Während die Weinberganlagen des Staatsweingutes direkt an die Kellerei angrenzen und der Most unter einer bestimmten Temperaturregelung vergoren wird, beträgt die Anfahrt des Weingutes Prinz Salm in die Weinberganlagen 0,6 bzw. 4 Kilometer. Nach der Pressung erfolgt die Weiterverarbeitung des Mostes im ökologischen Betrieb in Form einer Spontanvergärung. Beide Betriebe zeichnen sich somit nicht nur durch unterschiedliche Arbeitsweisen, sondern auch durch deutlich unterschiedliche Energieverbräuche aus. Der Vertrieb des fertigen Produktes, der 0,75 Liter Riesling Glasflasche des Staatweingutes, erfolgt in der eigenen Vinothek, aber auch durch die eigene Auslieferung oder den Versandweg mittels Spedition und DPD. Der Riesling des Ökobetriebes kommt den Kunden ebenfalls über verschiedene Vertriebswege zu. Den größten Anteil hat der Bestellversand durch Zug und Schiff; ein geringer Teil wird über den direkten Hofverkauf in Wallhausen und den Lieferservice des Weinguts vertrieben.
Im Folgenden werden alle zugrunde liegenden Eingangskriterien der Studie des ökologisch wirtschafenden Weingutes sowie die Berechnung des PCF in Form

der fünf Lebenszyklusphasen, von der Rohstoffgewinnung über die Produktion, den Vertrieb, die Nutzungsphase und die Entsorgung, dokumentiert.[16]

II. Erhebung des Product Carbon Footprint - Weingut Prinz Salm

A. Ziele des Fallbeispiels

Ziel der Studie ist die Ermittlung des Product Carbon Footprint (PCF) für ein Produkt eines ökologisch ausgerichtet arbeitenden Weinbaubetriebes. Das untersuchte Produkt ist ein Weißwein der Rebsorte Riesling des Weinguts Prinz Salm in Wallhausen bei Bad Kreuznach.

Das methodische Vorgehen beruht auf der Basis des Entwurfs der ISO-Norm 14067 sowie der zugehörigen Product Category Rule (PCR) für Wein „Wine of fresh grapes, except sparkling wine; grape must" und den Ökobilanz-Normen ISO 14040 und 14044. Dabei soll auch die Praxistauglichkeit der Erhebung des PCF für kleine und mittlere Unternehmen beurteilt werden.

B. Definition von Ziel und Untersuchungsrahmen

Als zu betrachtende Weinsorte wurde in Absprache mit dem Weingut Prinz Salm ein Riesling-Wein der Marke *prinzsalm Grünschiefer Riesling* gewählt. Er wird in den ökologisch bewirtschafteten Steillagen des „Wallhäuser Felsenecks" und der „Dalberger Ritterhölle" auf grünem Schieferboden angebaut. Die Weinberge nordwestlich von Wallhausen haben eine Flächengröße von insgesamt 1,12 ha. Der Wein mit der Güteklasse „Qualitätswein bestimmter Anbaugebiete" (Q. b. A.) zählt zum mittleren Segment des Produktangebots. Seinem Anbau und seiner Vermarktung soll in den nächsten Jahren verstärkte Beachtung zukommen.

---

[16] Die PCF-Erhebung des Staatsweingutes Bad Kreuznach wird in dieser Veröffentlichung in verkürzter ergebnisorientierter Form dargestellt. Sie kann jedoch auf Anfrage in vollständiger Form, über das Institut angefordert werden (E-Mail: iesar.fh-bingen.de).

III. Bilanzrahmen und einbezogene Lebenszyklusphasen

A. Funktionelle Einheit

In der PCR für Wein wird als funktionelle Einheit eine Menge von einem Liter Wein inklusive Verpackung definiert. Abweichend davon hat das zu untersuchende Produkt ein Füllvolumen von 0,75 l, für das der PCF erhoben wird.

B. Beschreibung des Produktsystems

Innerhalb der Lebenszyklusphasen werden die nachfolgend aufgeführten Materialien und Prozesse in die Berechnungen einbezogen.

Phase 1: Rohstoffgewinnung

- Materialien zur Anlegung des Weinbergs
- Rebenpflanzguterzeugung
- Herrichten und Bewirtschaften des Weinbergs
- Rebschnitt
- Bodenbearbeitung
- Begrünungseinsaat
- Rebenholz häckseln/Kompost einfahren
- Dünge -und Pflanzenschutzmittel
- Lese
- Traubentransport
- Weinflasche
- Korkverschluss
- Kapsel
- Verpackungsmaterialien

Phase 2: Produktion:

- Traubenannahme in Traubenmühle
- Entrappen und Einmaischen der Trauben
- Keltern
- Mostvorklärung
- Schönung
- Stabilisierung

- Trubfiltration
- Kieselgur-Filtration
- Schichtenfiltration-Filtration
- Pumpen
- Flaschenabfüllung
- Maschinen- und Tankreinigung
- Materialien zur Weinherstellung
- Flaschen-Abfüllung
- Abwasser

Phase 3: Distribution:

- Auslieferung mit LKW/Kleintransporter
- Auslieferung mit Zug
- Auslieferung mit Schiff

Phase 4: Nutzungsphase

- Abholung des Weins durch den Kunden (Einkaufsfahrt)

Phase 5: Entsorgung

- Entsorgung/Recycling der Glasflasche
- Entsorgung/Recycling des Kartons
- Entsorgung des Korkens
- Entsorgung/Recycling der Kapsel

IV. Sachbilanz mit Daten, Datenquellen, Annahmen

Die Sachbilanz dient der Datenerfassung innerhalb der definierten Produktsystemgrenzen. In diesem Schritt erfolgt eine rein quantitative Sammlung von Informationen ohne wertende Aussagen. Sämtliche Stoff- und Energieströme sowie Umweltbelastungen des Bilanzraums werden erfasst und als In- und Output-Ströme gegenüber gestellt.

Die bei der Sachbilanz durchgeführte Erfassung der notwendigen Daten innerhalb des festgelegten Untersuchungsrahmens erfolgt mittels Erhebungs-Tabellen. Dabei handelt es sich um *Microsoft Excel-* (*MS Excel-*) Tabellen, mit denen quantitative Angaben des Weinguts zu den einzelnen Lebenszyklusphasen des Rieslings gesammelt werden. Neben der Berechnung des PCF mit MS Excel wurde die Berechnung auch mit der seit dem Jahre 1994 von dem Institut für Umweltinformatik Hamburg GmbH (ifu) und dem Institut für Energie- und Umweltforschung Heidelberg GmbH (ifeu) entwickelten Software „Umberto for Carbon Footprint 1.1" durchgeführt. Umberto ist eine in Deutschland und Europa anerkannte führende englischsprachige Software zur Erstellung von Produkt- und betriebsbezogenen Ökobilanzen und Stoffstromanalysen. Alle Werte beziehen sich auf die Herstellung eines Grünschiefer-Rieslings des Jahres 2010, da zu diesem Jahrgang umfangreiche Daten beim Weingut Prinz Salm vorlagen. Nach Möglichkeit werden zur Berechnung Primärdaten, also Angaben des Weinguts, herangezogen. Die Daten beziehen sich auf die Weinberglagen „Wallhäuser Felseneck" und „Dalberger Ritterhölle" mit einer Gesamtfläche von 1,12 Hektar nördlich von Wallhausen. Sollten keine Primärdaten zur Verfügung stehen, wird auf Sekundärdaten wie z.B. Angaben von Herstellern oder Zulieferern und Literaturwerte zurückgegriffen.

Sollten weder Primär- noch Sekundärdaten vorliegen, fließen Annahmen in die Berechnung ein, die jedoch auf möglichst geringes Maß zu beschränken sind. Vor allem in den Phasen 3 und 4, Distribution und Nutzung, muss verstärkt mit Annahmen gerechnet werden.

Die wichtigsten Annahmen in der Bilanzierung sind:

– In Phase 1, Rohstoffgewinnung, wird für den Transport der Materialien vom jeweiligen Hersteller zum Weingut als durchschnittliche Entfernung eine Strecke von 200 km und als Transportmittel ein Lkw (16-32 t) angenommen. Die Strecke wird als einfache Entfernung betrachtet, davon ausgegangen wird, dass bei der Auslieferung durch die Hersteller noch weitere Ziele angesteuert werden und der LKW i.d.R. nicht leer zurückfährt.

– Sollten keine genaueren Angaben zum Wirkungsgrad elektrischer Maschinen bekannt sein, wird dieser mit 0,75 angenommen (Phase 2).

– Zum Versand des Weins per Bahn erfolgt ein Transport mit dem LKW über ca. 25 km zum Güterbahnhof Bingen (Phase 3).

– Zum Versand des Weins per Schiff erfolgt ein Transport mit dem LKW über ca. 49 km zum Frachthafen Mainz (Phase 3).

– Für die Einkaufsfahrt wird ein PKW mit Dieselmotor benutzt, dessen durchschnittlicher Treibstoffverbrauch sechs Liter pro 100 km beträgt (Phase 4).

– Pro Einkaufsfahrt wird eine Strecke von insgesamt zehn Kilometern zurückgelegt; dabei entfallen je fünf Kilometer auf den Hin-und den Rückweg (Phase 4).

– Mit einer Fahrt werden zwei Pakete mit je sechs Flaschen des Rieslings zzgl. einer Menge von 20 kg allgemeiner Einkaufs-Waren transportiert (Phase 4).

– Die Lagerung des Weins beim Verbraucher erfolgt ohne Kühlung (Phase 4).

A. Sachbilanz Rohstoffgewinnung
Tabelle 1: Weinberge – Angaben zu eingesetzte Materialien

Standort	Felseneck Wallhau-	Dalberger Ritterhölle
Flurstück-Nummer	10/263	10/56
Art der Anlage	Steillage, Neigung: ca. 40%	
Anfahrt zur Anlage	0,6 km	4 km
Stadium der Anlage	Ertragsanlage	
Rebsorte	Grünschiefer-Riesling	
Jahr des Anlegens	1972	1988
Nutzungsdauer	45 Jahre	
Jahr des ersten Ertrags	1975	1991
durchschnittl. Gesamtertrag	6.500 kg Trauben/ha/a	
durchschnittl. Gesamtertrag	5.500 l Wein/ha/a	
Größe des Weinbergs	4,9 ha	6,3 ha
Gesamtgröße der Weinberge	1,12 ha	
Anzahl Reb-Zeilen	70	
Länge Reb-Zeilen	70 m	90 m
Zeilenabstand	2 m	2 m
Anzahl Rebstöcke	4.500	
Zeilenpfahl Material	Fichtenholz und verzinkter Stahl	
Zeilenpfahl Anzahl	ca. 1.200	
Zeilenpfahl Gewicht	3 kg	
Endpfahl Material	Fichtenholz	
Endpfahl Anzahl	140	
Endpfahl Gewicht	3 kg	
Endpfahl-Anker Material	verzinkter Stahl	
End-Verankerung Anzahl	140	
End-Verankerung Gewicht	0,5 kg	
Material der Pflanzstäbe	Metall	
Anzahl der Pflanzstäbe	4.000	
Gewicht eines Pflanzstabs	0,3 kg	
Befestigung Draht-Pflanzstab	Metall-Klipse (Sticofix)	
Material der Befestigung	Metall	
Anzahl der Befestigungen	4.000	
Gewicht einer Befestigung	50 g	
Drahtmaterial	Crapal (Zn/Al)	
Drahtmenge	31.800 m	
Drahtdurchmesser	2 mm und 2,2 mm	
Drahtgewicht[17]	761,1 kg	
Material der Draht-Abspanner	Eisen	
Menge der Draht-Abspanner	100	
Gewicht Draht-Abspanner	100 g	
Düngemittel	Biofa-Stickstoffdünger	
Pflanzenschutzmittel	Kupfer-Schwefel-Backpulver	

---

[17] Berechnet: $Drahtgewicht = \frac{\pi \cdot Drahtdurchmesser^2}{4} \cdot Drahtmenge \cdot Materialdichte$; Crapal besteht zu 95 % aus Zn u. 5 % aus Al (Quelle: Drahtwerk Köln GmbH). Dichten: Zn = 7,13 kg/dm³; Al = 2,7 kg/dm³ (Quelle: Brechmann et al. (1999)).; Materialdichte = $0,95 \cdot 7,13 \frac{kg}{dm^3} + 0,05 \cdot 2,7 \frac{kg}{dm^3} = 6,91 \frac{kg}{dm^3}$; Annahme: Drahtdurchmesser = $\frac{2\,mm + 2,2\,mm}{2} = 2,1$ mm.

Tabelle 2: Tätigkeiten im Weinberg

Arbeitsschritt	Häufigkeit pro Jahr	Fahrt in km	eingesetzte Maschine	Einsatzzeit in h/ha	Kraftstoffverbrauch
Rebschnitt	1	9,2	PKW	-	per Hand
Biegen/Binden	1	9,2	PKW	-	per Hand
Grubbern	2n	9,2	Traktor	6	15 l/ha
Kreiseln	2	9,2	Traktor	7	15 l/ha
Mulchen	4	9,2	Traktor	5	15 l/ha
Rebholz häckseln	1	9,2	Traktor	5	15 l/ha
Kompost einfahren	0,25[18]	9,2	Traktor	5	15 l/ha
N-Dünger streuen	0,25[18]	9,2	Traktor	3	15 l/ha
Lese	2	9,2	PKW	-	-
Traubentransport im Weinberg	1	9,2	Traktor	6	15 l/ha
Traubentransport ins Weingut	1	9,2	Traktor	6	15 l/ha
Begrünungseinsaat	1	9,2	Traktor	5	15 l/ha
Pflanzenschutz	12	9,2	Traktor	5 h/ha	15 /ha

---

[18] Alle 3 – 5 Jahre, d.h. durchschnittlich alle 4 Jahre, ein Mal ($\triangleq$ 0,25 Mal pro Jahr).

B. Sachbilanz Produktion

Tabelle 3: Tätigkeiten in der Kellerwirtschaft

Arbeitsschritt	eingesetzte Maschine	abgegebene elektr. Leistung[19]	Durchsatz Maschine	Betriebsst. für 1,12 ha
Zerkleinern	RAUCH Traubenmühle	2,2 kW	5.000 kg/h	1,46 h
Pressen (Maische)	WILLMES Tankpresse	2,2 kW	1.500 kg/h	4,85 h
Trubfiltration	SPADONI Trubfilter	2,2 kW	2.100 l/h	2,93 h
Kieselgurfiltration	SPADONI Kieselgurfilter	2,25 kW	4.230 l/h[20]	1,46 h
Schichtenfiltration	SEITZ Schichtenfilter	2,2 kW	4.230 l/h[20]	1,46 h

Tabelle 4: Eingesetzte Stoffe in der Kellerwirtschaft

Arbeitsschritt	Einsatzstoff	Aufwandsmenge (für 6.160 l)
Mostschönung	Aktivkohle	1,848 g/hl
Schwefelung	schwefelige Säure	1,232 mg/l
Tankreinigung	Warmwasser	50 l
Reinigung Pumpen/Schläuche	Warmwasser	300 l
Reinigung Pumpen/Schläuche	Kaltwasser	300 l
Reinigung Presse	Warmwasser	250 l
Reinigung Presse	Kaltwasser	150 l
Reinigungsmittel	NaOH/Zitronensä	9 l
Hochdruckreinigung	Kaltwasser	150 l

(Quelle: Weingut Prinz Salm, wenn nichts anderes angegeben)

---

[19] Für das Forschungsprojekt angenommener Wirkungsgrad für elektrische Maschinen.
[20] Berechnet: 1 kg/ha Traubenertrag ≙ 0,75 l/ha Wein (Quelle: Schmidt, R., Klöble U. (2007)).

Tabelle 5: Verpackung

Artikel	Art	Material		Lieferentfernung[21]
Behälter	Flasche	Braunglas	480 g	16,1 km
Verschluss	Korken	Kork	5,7 g[22]	1.670 km
Kapsel	Schrumpfkapsel	Zinn	11,2 g[23]	16,1 km
Etiketten	-	Papier	k. A.	88,2 km
Verpackung	Karton	Pappe	750 g	16,1 km
Palette	-	Holz	22 kg[24]	16,1 km
Befestigung auf Palette	Stretch-Folie	PVC	0,29 g[25]	16,1 km

Tabelle 6: Vertriebswege

Vertriebsweg	Anteil am Gesamtvertrieb	Vertriebsarten	Abnahme-Regionen
Hofverkauf	5 Prozent	Selbstabholung	Deutschland
Auslieferung	2 Prozent	LKW-Auslieferung	Deutschland
Versand	93 Prozent	Zug, Schiff	Österreich, USA, Japan

(Quelle: Weingut Prinz Salm, wenn nichts anderes angegeben.)

---

[21] Quelle: Google Maps.
[22] Berechnet: Maße des Korkens: d=24 mm; l=45 mm (Quelle: Amorim.); Mittlere Materialdichte Kork = 280 kg/dm³ (Quelle: Kuchling, Horst, a.a.O., S. 615.); Korkengewicht = $\frac{\pi \cdot d}{4} \cdot l \cdot$ Materialdichte.
[23] Berechnet: Kapsel: Innendurchmesser di=29,2 mm; Außendurchmesser da=29,45 mm; Höhe=60 mm (Quelle: Gültig.); Wandstärke = da – di = 29,45 mm – 29,2 mm = 0,25 mm; mittlerer Durchmesser = (29,45 mm + 29,2 mm)/2 = 29,325 mm; mittlerer Umfang = π*29,325 mm = 92,13 mm; Mantelfläche = Höhe * Umfang = 5.527,63 mm²; Mantelvolumen= Mantelfläche*Wandstärke = 1.381,9 mm³; Volumen Oberfläche = π/4*(29,45 mm)² * 0,25 mm = 170,29 mm³; Volumen gesamt = 1.381,9 mm³ + 170,29 mm³ = 1.552,2 mm²; Dichte Zinn = 7.200 kg/m³ (Quelle: Kuchling, H., a.a.O.); Kapselgewicht = Volumen gesamt · Dichte Zinn.
[24] Quelle: Schroth Paletten.
[25] Berechnet: Höhe eines Kartons: h=335 mm; ca.100 Kartons pro Palette; Palette: Länge x Breite = 1.200 mm x 800 mm => 5 x 5 = 25 Kartons je Schicht => 4 Schichten pro Palette => Gesamthöhe = 4*335 mm = 1,34 m; Als zu umwickelnde Fläche ergibt sich: 2*(5*230 mm + 5*160 mm)*1,34 m + 0,8 m*1,2 m = 6,186 m²; Dicke Folie = 20 my = 20/1.000 mm (Quelle: dm-Folien GmbH.) => Volumen Folie = 6,186 m² * 20/1.000 m = 1,237E-04 m³ ; Dichte PVC = 1,38 kg/dm³ (Quelle: Kuchling, Horst, a.a.O., S. 615); Foliengewicht=Volumen Folie·Dichte PVC = 1,237E-04 m³ * 1,38 kg/dm³ = 171,1 g/Palette bzw. 171,1 g/600 Fl. = 0,29 g/Fl.

C. Sachbilanz Reststoffanfall/Abfallentsorgung

Tabelle 7: Reststoffanfall/Abfallentsorgung

Reststoff	Menge/Jahr	Entsorgungsweg/Verwertung
Most-Trub	50 kg	zurück in Weinberg/Kompost
Filtrationstrub	10 kg	zurück in Weinberg/Kompost
Filterschichten	10 kg	Bioabfall-Tonne/Wertstoffhof
Hefe-Trub	50 l	Destillation (Allokation)

(Quelle: Weingut Prinz Salm, wenn nichts anderes angegeben.)

V. Berechnung der Lebenszyklusphasen

A. Rohstoffgewinnung

1. THG-Emissionen durch Materialeinsatz im Weinberg

Unter der Rohstoffgewinnung ist die Bewirtschaftung des Weinbergs, die letztlich zur Gewinnung der Weintrauben führt, zu verstehen. Zur Anlegung und Pflege des Weinbergs und zur späteren Lese der Trauben wird eine Reihe von Arbeitsmaterialien benötigt. Dabei handelt es sich in erster Linie um Mittel, die zum Errichten der Anlage gebraucht werden und die in einer vorgelagerten, unternehmensexternen Produktion hergestellt werden. Als Beispiel dafür sind Pflanzstäbe und Draht zu nennen, die vom Hersteller angeliefert werden. Für den Transport der Materialien vom jeweiligen Hersteller zum Weingut wird als durchschnittliche Entfernung eine Strecke von 200 km und als Transportmittel ein Lkw (Ecoinvent: „transport lorry 16-32 t, EURO 4", 0,17 kg CO_2e/tkm) angenommen. Betrachtet wird hier nur die einfache Entfernung, da davon ausgegangen wird, dass bei der Auslieferung durch die Hersteller noch weitere Ziele angesteuert werden und der LKW i.d.R. nicht leer zurückfährt. In diesem Fall kann die Rückfahrt nicht mehr der funktionellen Einheit zugeordnet werden.

Zur Verdeutlichung wird die Berechnung der CO_2e-Emissionen durch den Einsatz von Zeilenpfählen aus verzinktem Stahl dargestellt. Die Nutzungsdauer des Weinbergs beträgt 45 Jahre.[26] Betrachtet wird jedoch nur die Weinproduktion des Jahrgangs 2010, sodass bei den Berechnungen der Bezug auf ein Jahr herzustellen ist. Der entsprechende Rechenfaktor ergibt sich demnach zu 1/45. Der CO_2e-Faktor für die Produktion von Stahl (Ecoinvent: „steel, low-alloyed, at plant") beträgt 1,76 kg CO_2e/kg Stahl. Auf den betrachteten insgesamt 1,12 ha

---

[26] Quelle: Weingut Prinz Salm.

großen Weinbergflächen werden Zeilenpfähle mit einer Gesamtmasse von 1.800 kg verwendet. Bei der Nutzungsdauer des Weinbergs von 45 Jahren ergibt dies inklusive Transport

$$\frac{1.800 \text{ kg} \cdot 1{,}76 \frac{\text{kg CO}_2\text{e}}{\text{kg}} + \frac{200 \text{ km} \cdot 1.800 \text{ kg}}{1.000} \cdot 0{,}17 \frac{\text{kg CO}_2\text{e}}{\text{tkm}}}{45 \text{ a}} = 71{,}76 \frac{\text{kg CO}_2\text{e}}{\text{a}}.$$

Der Ertrag des Weinbergs liegt bei 6.160 Liter pro Jahr, was 8.213 Flaschen Wein entspricht.[27] Pro Flasche entfallen also auf die Zeilenpfähle

$$\frac{71{,}76 \text{ kg CO}_2\text{e}}{8.213 \text{ Fl.}} = 0{,}009 \frac{\text{kg CO}_2\text{e}}{\text{Fl.}}.$$

Eine Übersicht über alle CO$_2$e-Emissionen der eingesetzten Materialien im Weinberg zeigt Tabelle 8. Die Berechnung erfolgt analog zu den zuvor beschriebenen Rechenschritten. Daraus resultieren CO$_2$-Äquivalente für alle diese Materialien von

$$6.404 \frac{\text{kg CO}_2\text{e}}{45 \text{ a}} = \mathbf{0{,}017} \frac{\textbf{kg CO}_2\textbf{e}}{\textbf{Fl.}}.$$

---

[27] Quelle: Weingut Prinz Salm.

Tabelle 8: CO_2e-Emissionen der eingesetzten Materialien im Weinberg

Material	Menge	CO_2e-Bezeichnung (Ecoinvent)	CO_2e-Faktor	CO_2e Transport LKW (200 km)[28]	CO_2e/a
Zeilen-pfähle, verzinkter Stahl	1.800 kg	„steel, low-alloyed, at plant"	1,76 kg CO_2e/kg	0,17 kg CO_2e/tkm	3.229,2 kg CO_2e
Endpfahl-Verankerung, verzinkter Stahl	70 kg	„steel, low-alloyed, at plant"	1,76 kg CO_2e/kg	0,17 kg CO_2e/tkm	125,6 kg CO_2e
Pflanzstäbe verzinkter Stahl	1.200 kg	„steel, low-alloyed, at plant"	1,76 kg CO_2e/kg	0,17 kg CO_2e/tkm	2.152,8 kg CO_2e
Metall-Klipse (Heftklammern), verzinkter Stahl	200 kg	„steel, low-alloyed, at plant"	1,76 kg CO_2e/kg	0,17 kg CO_2e/tkm	358,8 kg CO_2e
Draht-Abspanner, verzinkter Stahl	10 kg	„steel, low-alloyed, at plant"	1,76 kg CO_2e/kg	0,17 kg CO_2e/tkm	17,9 kg CO_2e
Crapal-Draht	761,1 kg	„wire drawing steel"	0,4 kg CO_2e/kg	0,17 kg CO_2e/tkm	330,3 kg CO_2e
Endpfähle Fichtenholz	420 kg	„round wood, soft wood, debarked, u=70% at forest road"	16,24 kg CO_2e/m^3	0,17 kg CO_2e/tkm	30,1 kg CO_2e
Zeilenpfähle Fichtenholz	2.220 kg	„round wood, soft wood, debarked, u=70% at forest road"	16,24 kg CO_2e/m^3	0,17 kg CO_2e/tkm	159,3 kg CO_2e

$\sum CO_2e$ **6.404 kg CO_2e**
(bezogen auf 45 Jahre)

---

[28] Ecoinvent: „transport, lorry 16-32t, EURO4 [RER]".

2. THG-Emissionen durch die Rebpflanzguterzeugung

Insgesamt werden 4.500 Reben angepflanzt[29], die zuvor in einer Rebschule durch eine Rebenzüchtung aufgezogen werden. Tabelle 9 zeigt Daten der dabei entstehenden Emissionen. Die Berechnungen basieren auf Angaben des *Instituts für Weinbau und Rebenzüchtung* der *Forschungsanstalt Geisenheim*. Demnach werden für die Anzucht von 100.000 Rebpflanzen mit einem Gewicht von je 0,5 kg die in Tabelle 4-9 aufgeführten Aufwandsmengen der jeweiligen Einsatzstoffe benötigt. Durch Multiplizieren mit dem jeweils angegebenen CO_2e-Faktor sowie der Dichte von Diesel errechnet sich eine Summe von 10.119,3 kg CO_2e bezogen auf 100.000 Reben. Die THG-Emissionen, die bei der Züchtung einer Rebpflanze entstehen, berechnen sich zu

$$\frac{10.119,3 \text{ kg } CO_2e}{100.000 \text{ Reben}} = 101 \cdot 10^{-3} \frac{\text{kg } CO_2e}{\text{Rebe}}.$$

Für die Züchtung der 4.500 Reben ergibt sich über die Nutzungsdauer des Weinbergs von 45 Jahren und der angenommenen Anlieferung über 200 km ein Wert von

$$\frac{4.500 \cdot 101 \frac{\text{g } CO_2e}{\text{Rebe}} + \frac{200 \text{ km} \cdot 4.500 \cdot 0,5 \text{ kg}}{1.000} \cdot 0,17 \frac{\text{kg } CO_2e}{\text{tkm}}}{45 \text{ a}} = 11,8 \frac{\text{kg } CO_2e}{\text{a}}.$$

Bezogen auf eine Flasche errechnen sich THG-Emissionen von

$$\frac{11,8 \frac{\text{kg } CO_2e}{\text{a}}}{8213 \text{ Fl.}} = 1,44 \cdot 10^{-3} \frac{\text{kg } CO_2e}{\text{Fl.}}$$

---

[29] Quelle: Weingut Prinz Salm.

Tabelle 9: CO_2e-Emissionen durch die Rebenzüchtung

Arbeits-vorgang[30]	Einsatz-stoff	Aufwands-menge für 100.000 Reben	CO_2e-Bezeichnung (Ecoinvent)	CO_2e-Faktor	CO_2e für 100.000 Reben
20 Traktor-einsätze (Pflanzen-schutz)	Diesel-kraftstoff[31]	99,6 kg	„Diesel Feldarbeit"[32]	3,01 kg CO_2e/l	352,70 kg CO_2e
3 Traktor-einsätze (Tiefen-lockerung)	Diesel-kraftstoff[31]	697,2 kg	„Diesel Feldarbeit"[32]	3,01 kg CO_2e/l	2.468,91 kg CO_2e
Kultivierung im Gewächshaus	Heizöl	12.923 kg	„light fuel oil, at regional storage [RER]"	0,51 kg CO_2e/kg	6.590,73 kg CO_2e
Verdunstungsschutz (Paraffinbe-handlung)	Paraffin	250 kg	„paraffin, at plant"	0,38 kg CO_2e/kg	207,50 kg CO_2e
Bewässerung	Wasser	200.000 l	„tap water at user [RER]"	0,000319 kg CO_2e/kg	63,80 kg CO_2e
Pflanzfolie anbringen	PVC-Folie	160,76 kg	„ethylvinylacetate, foil, at plant [RER]"	2,71 kg CO_2e/kg	435,66 kg CO_2e

$\sum CO_2e$ **10.119,3 kg CO_2e**
(bezogen auf 100.000 Pflanzen)

---

[30] Quelle für Arbeitsvorgänge, Einsatzstoffe und Aufwandsmengen für 100.000 Reben: Institut für Weinbau und Rebenzüchtung der Forschungsanstalt Geisenheim.
[31] Dichte Diesel = 0,85 kg/l (Quelle: Kuchling, H., a.a.O, S. 616).
[32] angewandt wurde hier der Well to Wheel Ansatz, was bedeutet, dass zusätzlich zu den Tank-to-Wheel-Emissionen auch die Emissionen zur Herstellung der Antriebsenergie berücksichtigt werden.

3. THG-Emissionen durch Begrünungs-Saatgut

Zur Verbesserung der Nährstoffverhältnisse im Boden und zur Minderung von Bodenerosionen wird als Zwischensaat in jeder zweiten Reb-Zeilen-Gasse eine Klee-Einsaat vorgenommen. Auf der Gesamtfläche des Weinbergs von 1,12 ha werden 70 Reb-Zeilen mit einer durchschnittlichen Länge von 80 m angelegt. Die Gassen zwischen den Zeilen haben eine Breite von 2 m. Die Begrünung wird nur in jeder zweiten Reihe vorgenommen. Damit errechnet sich eine Begrünungsfläche von

$$\frac{70}{2} \cdot 2 \text{ m} \cdot 80 \text{ m} = 5.600 \text{ m}^2 \text{ bzw. } 0{,}56 \text{ ha.}$$

Eine Naturland-Empfehlung sieht als jährliche Menge für eine Kleeeinsaat 25 kg Saatgut pro ha vor [18]. Damit errechnet sich eine Saatgut-Menge von

$$0{,}56 \text{ ha} \cdot \frac{25 \text{ kg/ha}}{a} = 14 \frac{\text{kg}}{a}.$$

Als CO_2e-Faktor für die Herstellung des Saatguts wird Ecoinvent der Wert 3,46 kg CO_2e/kg (Ecoinvent: „clover seed IP, at regional storehouse") entnommen. Mit einer Anlieferung von 200 km ergibt sich:

$$14 \frac{\text{kg}}{a} \cdot 3{,}46 \frac{\text{kg CO}_2\text{e}}{\text{kg Saatgut}} + \frac{200 \text{ km} \cdot 14 \text{ kg/a}}{1.000} \cdot 0{,}17 \frac{\text{kg CO}_2\text{e}}{\text{tkm}} = 48{,}92 \frac{\text{kg CO}_2\text{e}}{a}$$

Bezogen auf eine Flasche entspricht dies einem Wert von **0,006 kg/Fl.**

4. THG-Emissionen der Tätigkeiten im Weinberg

Zur Rohstoffgewinnung zählen auch Tätigkeiten mit Fahrzeugeinsätzen, die zur weiteren Unterhaltung des Weinbergs notwendig sind. Als Beispiel soll im Folgenden die Bodenbearbeitung durch Grubbern dienen. Das Grubbern erfordert einen Traktoreinsatz. Die Distanz für An- und Abfahrt zu Felseneck und Ritterhölle beträgt insgesamt 9,2 km[33] und wird durch die Ecoinvent-Bezeichnung „transport tractor and trailer" (0,31 kg CO_2e/km) ausgedrückt. Für den Einsatz des Traktors im Weinberg wird der Ecoinvent-Wert von 3,01 kg CO_2/l Diesel verwendet. Damit wird der erhöhte Kraftstoffverbrauch des Traktors beim Einsatz im Weinberg gegenüber einer Transportfahrt berücksich-

---

[33] Quelle: Weingut Prinz Salm.

tigt. Der Dieselverbrauch beim Grubbern beträgt 15 l/ha (s. Tabelle 10). Bei zweimaligem Grubbern pro Jahr errechnen sich die CO_2e-Emissionen wie folgt:

$$\frac{2}{a} \cdot \left(9,2 \cdot km \cdot 0,31 \frac{kg\ CO_2e}{km} + 15 \frac{l}{ha} \cdot 1,12\ ha \cdot 3,01 \frac{kg\ CO_2e}{l}\right) = 106,84 \frac{kg\ CO_2e}{a}$$

Auf eine Flasche Riesling entfallen für das Grubbern somit

$$\frac{106,84\ kg\ CO_2e}{8.213\ Fl.} = 0,013 \frac{kg\ CO_2e}{Fl.}.$$

Auch hier wird auf eine ausführliche Darstellung der übrigen Arbeitsschritte verzichtet. Die Ergebnisse der Einzelschritte sind in Tabelle 10 aufgeführt. Als Summe der Emissionen durch Fahrzeugeinsätze bei den Arbeiten im Weinberg ergibt sich pro Flasche ein Wert von

$$\frac{1.314,1\ kg\ CO_2e}{8.213\ Fl.} = \mathbf{0,160} \frac{\mathbf{kg\ CO_2e}}{\mathbf{Fl.}}$$

Tabelle 10: CO_2e-Emissionen der Tätigkeiten im Weinberg

Arbeits-vorgang	An- und Abfahrt	CO_2e-Bezeichnung (Ecoinvent)	CO_2e-Faktor – Anfahrt Weinberganlage	CO_2e-Faktor Dieselverbrauch („Diesel Feldarbeit")	Gesamtergebnis CO_2e Anfahrt u. Arbeitsvorgänge im Weinberg
Rebschnitt	9,2 km	„operation van<3,5t [RER]"	0,29 kg CO_2e/pkm	-	2,7 kg CO_2e
Biegen/Binden	9,2 km	„operation van<3,5t [RER]"	0,29 kg CO_2e/pkm	-	2,7 kg CO_2e
Grubbern	9,2 km	„transport tractor and trailer"	0,31 kg CO_2e/tkm	3,01 kg CO_2e/l Diesel	106,8 kg CO_2e
Kreiseln	9,2 km	„transport tractor and trailer"	0,31 kg CO_2e/tkm	3,01 kg CO_2e/l Diesel	106,8 kg CO_2e
Mulchen	9,2 km	„transport tractor and trailer"	0,31 kg CO_2e/tkm	3,01 kg CO_2e/l Diesel	213,7 kg CO_2e
Rebholz häckseln	9,2 km	„transport tractor and trailer"	0,31 kg CO_2e/tkm	3,01 kg CO_2e/l Diesel	53,4 kg CO_2e
Kompost einfahren	9,2 km	„transport tractor and trailer"	0,31 kg CO_2e/tkm	3,01 kg CO_2e/l Diesel	13,4 kg CO_2e
N-Dünger streuen	9,2 km	„transport tractor and trailer"	0,31 kg CO_2e/tkm	3,01 kg CO_2e/l Diesel	13,4 kg CO_2e
Lese	9,2 km	„transport tractor and trailer"	0,31 kg CO_2e/tkm	-	0,01 kg CO_2e
Traubentransport Weinberg	9,2 km	„transport tractor and trailer"	0,31 kg CO_2e/tkm	3,01 kg CO_2e/l Diesel	53,4 kg CO_2e
Traubentransport ins Weingut	9,2 km	„transport tractor and trailer"	0,31 kg CO_2e/tkm	3,01 kg CO_2e/l Diesel	53,4 kg CO_2e
Begrünungseinsaat	9,2 km	„transport tractor and trailer"	0,31 kg CO_2e/tkm	3,01 kg CO_2e/l Diesel	53,4 kg CO_2e
Pflanzenschutz	9,2 km	„transport tractor and trailer"	0,31 kg CO_2e/tkm	3,01 kg CO_2e/l Diesel	641,0 kg CO_2e

$\sum CO_2e$ 1.314,1 kg CO_2e

5. THG-Emissionen durch Stickstoff-Düngung

Als organisches Düngemittel kommt ein Produkt der Fa. *Biofa* zum Einsatz. Die maximal zugelassene Menge des ausgebrachten Düngers beträgt nach den Richtlinien des Naturlandverbandes 150 kg pro ha in drei Jahren. Jedes Jahr dürfen also im Durchschnitt 50 kg pro ha eingesetzt werden. Umgerechnet auf 1,12 ha sind es im Mittel 56 kg pro Jahr.[34] Die Fa. Biofa hat ihren Sitz in Münsingen/Baden-Württemberg. Ausgehend von einer LKW-Anlieferung des Düngers zum Weingut nach Wallhausen beträgt die Liefer-Entfernung 270 km.[35] Auch hier ist nur die einfache Entfernung zu berücksichtigen, da davon ausgegangen wird, dass bei der Lieferung noch weitere Ziele angesteuert werden.

Als CO_2e-Wert für die Herstellung des N-Düngers wird der Wert 5,27 kg CO_2e/kg (Ecoinvent: „ammonium nitrate phophate, as N, at regional storehouse [RER]") herangezogen. Die Emissionen durch das Ausbringen des Düngers im Weinberg wurden bereits bei den Berechnungen zur Bewirtschaftung des Weinbergs erfasst und werden daher an dieser Stelle nicht mehr berücksichtigt. Zusätzlich sind jedoch CO_2-Äquivalente durch Lachgas-Emissionen zu beachten, die nach dem Aufbringen des Düngers auf den Boden entstehen. Diese werden mit dem Emissionsfaktor für Feldemissionen, einer Angabe des *Intergovernmental Panel on Climate Change* (IPCC), berechnet.Tab. 11 zeigt eine zusammenfassende Übersicht der Daten, die zur Berechnung der durch organischen Stickstoffdünger hervorgerufenen CO_2e-Emissionen benötigt werden. Im Anschluss erfolgt die Berechnung der CO_2-Äquivalente der Düngerherstellung und –anwendung

Tabelle 11: Daten zur Berechnung der CO_2e-Emissionen durch Stickstoffdünger

max. zugelassene Menge nach den Naturland-Richtlinien	150 kg/ha in drei Jahren
durchschnittlich ausgebrachte Menge/a	56 kg auf 1,12 ha
CO_2e-Faktor für Herstellung des N-Düngers	5,27 kg CO_2e/kg N-Dünger
Lieferentfernung	270 km
CO_2e-Faktor Anlieferung	0,17 kg CO_2e/tkm
Emissionsfaktor für Feldemissionen[36]	4,87 kg CO_2e/kg N-Dünger

---

[34] Die verwendete Menge an Düngemittel liegt beim Weingut Prinz Salm i.d.R. unterhalb des Grenzwertes, Aufgrund von Schwankungen in der ausgebrachten Menge wird hier jedoch der maximal zulässige Wert zur Rechnung herangezogen.
[35] Quelle: Google Maps-Routenplaner: http://maps.google.de/
[36] IPCC-Emissionsfaktor: Bundesanstalt für Landwirtschaft und Ernährung.

Berechnung der CO_2e-Emissionen durch Herstellung und Anlieferung des Stickstoffdüngers:

1. CO_2e-Emissionen bezogen auf 1,12 ha

$$56 \frac{kg}{a} \cdot 5{,}27 \frac{kg\ CO_2e}{kg\ N\text{-Dünger}} + \frac{270\ tkm \cdot 56\ kg}{1.000} \cdot 0{,}17 \frac{kg\ CO_2e}{tkm} = 297{,}69 \frac{kg\ CO_2e}{a}$$

2. CO_2e-Emissionen pro Flasche:

$$\frac{297{,}69\ kg\ CO_2e}{8.213\ Fl.} = 0{,}036 \frac{kg\ CO_2e}{Fl.}$$

Berechnung der CO_2e-Emissionen durch die Anwendung des Stickstoffdüngers:

1. CO_2e-Emissionen bezogen auf 1,12 ha:

$$56 \frac{kg}{a} \cdot 4{,}87 \frac{kg\ CO_2e}{kg\ N\text{-Dünger}} = 272{,}72 \frac{kg\ CO_2e}{a}$$

2. CO_2e-Emissionen pro Flasche:

$$\frac{272{,}72\ kg\ CO_2e}{8.213\ Fl.} = 0{,}033 \frac{kg\ CO_2e}{Fl.}$$

Als Summe der THG-Emissionen durch die Verwendung von Stickstoffdünger ergibt sich der Wert

$$0{,}036 \frac{kg\ CO_2e}{Fl.} + 0{,}033 \frac{kg\ CO_2e}{Fl.} = \mathbf{0{,}069 \frac{kg\ CO_2e}{Fl.}}.$$

6. THG-Emissionen durch Pflanzenschutzmittel

Zum Schutz vor Krankheiten durch Bakterien- und Pilzbefall und vor der Verbreitung von Schadinsekten werden die Reben mit Pflanzenschutzmitteln behandelt. Das eingesetzte Schädlingsbekämpfungsmittel besteht aus Kupfersulfat (Kupfervitriol), Schwefel und Backpulver (Kaliumhydrogenkarbonat). Nach den Naturland-Richtlinien dürfen von diesen Stoffen maximal drei kg/ha und Jahr eingesetzt werden. Die maximal ausgebrachte Menge auf 1,12 ha beträgt demnach 3,36 kg/a.[37] Die Angaben zur Berechnung des CO_2e-Ausstoßes durch den Pflanzenschutz sind in Tab. 12 aufgeführt. Als CO_2e-Faktor liegt in der Ecoinvent-Datenbank kein direkt anwendbarer Wert vor. Auch für „Kupfersulfat" ist kein Eintrag vorhanden. Daher wird aus den Bestandteilen Kupfer (Ecoinvent: „copper carbonate at plant"; 1,88 kg CO_2e/kg), Schwefel (Ecoinvent: „sulphite at plant"; 1,39 kg CO_2e/kg) und Kaliumhydrogenkarbonat (Ecoinvent: „potassium carbonate, at plant", 2,33 kg CO_2e/kg) der mittlere Wert gebildet. Zur Lieferentfernung liegen keine Informationen vor, sodass wie schon bei den Berechnungen zur Verwendung von Stahl eine Distanz von 200 km berücksichtigt wird.

Tabelle 12: Daten zur Berechnung der CO_2e-Emissionen durch Pflanzenschutzmittel

max. zugelassene Menge nach den Naturland-Richtlinien	3 kg/ha und Jahr
max. ausgebrachte Menge/a	3,36 kg auf 1,12 ha
CO_2e-Faktor für Pflanzenschutzmittel	1,87 kg CO2e/kg
Lieferentfernung	200 km
CO_2e-Faktor Anlieferung	0,47 kg CO2e/tkm

Berechnung der CO_2e-Emissionen durch Pflanzenschutzmittel:

1. CO_2e-Emissionen bezogen auf 1,12 ha:
2.

$$3,36 \text{ kg} \cdot 1,87 \frac{\text{kg CO}_2\text{e}}{\text{kg N-Dünger}} + \frac{200 \text{ tkm} \cdot 3,36 \text{ kg}}{1.000} \cdot 0,17 \frac{\text{kg CO}_2\text{e}}{\text{tkm}} = 6,4 \text{ kg CO}_2\text{e}$$

3. CO_2e-Emissionen pro Flasche:

$$\frac{6,4 \text{ kg CO}_2\text{e}}{8.213 \text{ Fl.}} = 0,001 \frac{\text{kg CO}_2\text{e}}{\text{Fl.}}$$

---

[37] Die verwendete Menge an Pflanzenschutzmittel liegt beim Weingut Prinz Salm i.d.R. unterhalb des Grenzwertes, Aufgrund von Schwankungen in der ausgebrachten Menge wird hier jedoch der maximal zulässige Wert zur Rechnung herangezogen.

7. THG-Emissionen durch Entsorgung

Am Ende der Standzeit des Weinbergs von 45 Jahren wird die gesamte Anbaufläche abgeräumt. Ein Abriss des alten Wingerts ist empfehlenswert, da die Erträge nach der langen Nutzungsperiode i.d.R. stark zurückgehen. Ein weiterer Grund ist die Alterung der Materialien durch Witterungseinflüsse oder sonstige mechanische Beanspruchung. Als Abfall ergeben sich Stahlprodukte und Holz gemäß Tabelle 13. Deren Entsorgung wird nicht der Stufe 5 (Entsorgung) des Produktlebenszyklus zugeordnet. In Stufe 5 werden lediglich Abfälle berücksichtigt, die direkt bei der Nutzung des Produktes durch den Verbraucher entstehen. Alle anderen zu entsorgenden Materialien und Stoffe bzw. die durch deren Entsorgung frei werdenden CO_2e-Emissionen werden der jeweiligen Phase angerechnet, in denen sie als Abfall anfallen.

Der Abfall der verwendeten Metalle unterteilt sich in drei Positionen. Die Zeilenpfähle, Abspanner, Anker und Pflanzstäbe werden nach 45 Jahren entsorgt. Zzgl. einer Menge von 0,5 kg/a des Bindedrahts und Heftklammern mit einer Masse von ebenfalls 0,5 kg/a resultieren daraus 69,4 kg Stahl-Abfall bezogen auf ein Jahr. Als CO_2e-Faktor für die Entsorgung des Stahls wird Ecoinvent der Wert 0,02 kg CO_2e/kg Stahl („disposal, steel, 0% water, to municipal incineration") entnommen. Dieser Wert wird ebenfalls für die Entsorgung des Drahts mit einer Menge von umgerechnet 16,9 kg/a herangezogen. Eine Entsorgungsfahrt wird nicht berücksichtigt, da diese zu dem externen Prozess der Abfallverwertung zählt (Allokation) und nicht direkt der funktionellen Einheit zugeordnet werden kann. Als CO_2e-Emissionen für die Entsorgung des Stahls ergeben sich:

$$(69{,}4 + 16{,}9)\ \frac{\text{kg}}{\text{a}} \cdot 0{,}02\ \frac{\text{kg}\ CO_2e}{\text{kg}} = 1{,}73\ \frac{\text{kg}\ CO_2e}{\text{a}}$$

Umgerechnet auf eine Flasche ergibt sich für den Stahl eine Menge von

$$\frac{1{,}73\ \text{kg}\ CO_2e}{8.213\ \text{Fl.}} = 0{,}0002\ \frac{\text{kg}\ CO_2e}{\text{Fl.}}.$$

Zur Entsorgung von Holz wurde der Ecoinvent-Datenbank der Wert 0,00529 kg CO_2/kg („process-specific burdens, municipal waste incineration") entnommen, sodass sich ein Wert von ca. $4 \cdot 10^{-5}$ kg CO_2e pro Flasche Riesling ergibt.

Als Summe für die Entsorgungen bei der Rohstoffgewinnung ergibt sich ein Wert von rund $\mathbf{0{,}2 \cdot 10^{-3}\ \frac{kg\ CO_2e}{Fl.}}$.

Tabelle 13: CO_2e-Emissionen durch Entsorgungen in der Rohstoffphase

Material	Häufigkeits-faktor	Menge/a	CO_2e-Bezeichnung (Ecoinvent)	CO_2e-Faktor	CO_2e/a
Stahl (Zeilenpfähle, Abspanner, Anker, Pflanzstäbe, Bindedraht)	1x / 45 Jahre	68,9 kg	„disposal, steel, 0% water, to municipal incineration"	0,02 kg CO_2e/kg	1,38 kg CO_2e
Stahl (Heftklammern)[38]	1x / Jahr	0,5 kg	„disposal, steel, 0% water, to municipal incineration"	0,02 kg CO2e/kg	0,01 kg CO_2e
Crapal-Draht	1x / 45 Jahre	16,9 kg	„disposal, steel, 0% water, to municipal incineration"	0,02 kg CO2e/kg	0,34 kg CO_2e
Holzpfähle	1x / 45 Jahre	58,7 kg	„process-specific burdens, municipal waste incineration"	0,00529 kg CO_2e/kg	0,31 kg CO_2e

$\sum CO_2e$ 2,04 kg CO_2e/a

---

[38] Ein großer Teil der Heftklammern wird im Folgejahr wiederverwendet.

8. THG-Emissionen durch Verpackungen

Tabelle 5 zeigt die Sachbilanz der Verpackungsmaterialien. Im Folgenden sind die zugehörigen entstehenden THG-Emissionen durch sie und durch die Abfüllung der Flaschen dargestellt (Tab. 8).

Für die Berechnung der Emissionen muss an dieser Stelle auf die PCR für Wein verwiesen werden. Die PCR enthält in Kapitel 4 Vorgaben zu den Materialien, die bei der PCF-Ermittlung beachtet werden sollen.

Relevant ist, dass alle Materialien, die zur Herstellung der funktionellen Einheit benötigt werden, in die Berechnung des PCF einfließen sollen, wenn ihre Masse mindestens 0,5 Prozent des Gewichts der funktionellen Einheit beträgt. Diese Vorgabe definiert also eine Geringfügigkeitsschwelle für das Einbeziehen von Materialien in die Rechnungen (Hinweis: üblicherweise 1 %). Eine Flasche der funktionelle Einheit *prinzsalm Grünschiefer Riesling* hat ein Gewicht von 1,23 kg[39], sodass sich eine Geringfügigkeitsschwelle von 6,15 g ergibt. Alle Input-Materialien, die weniger als 6,15 g wiegen, finden somit keine Beachtung bei der Berechnung. Ausnahmen können nach PCR, Kapitel 4, u.a. Kork und Metalle darstellen, die im Folgenden in die Berechnungen einfließen. Nicht berücksichtigt werden die Stretch-Folie zur Umwicklung der verpackten Kartons auf der Palette und die Papieretiketten für Flaschenbauch und -rücken.

Der größte Anteil der THG-Emissionen der Verpackung entfällt auf die Weinflasche. Verwendet wird eine 480 g schwere Braunglas-Flasche[39]. Als CO_2e-Wert für ihre Herstellung enthält Ecoinvent den Eintrag „packaging glass, brown, at plant [DE]" mit dem Betrag von 0,6 kg CO_2e/kg. Als Lieferentfernung für die Fahrt von der Glashütte zum Zwischenhändler in Langenlonsheim wird eine Strecke von 200 km angenommen. Die einfache Strecke von Langenslonsheim nach Wallhausen beträgt 16,1 km[40], für die ein Transport mit einem kleinen 7-t-LKW (Ecoinvent: „transport lorry, 3,5-7 t", 0,47 kg CO_2e/tkm) berücksichtigt wird. Die THG-Emissionen, die auf die Glasflasche entfallen betragen:

$$\frac{0{,}48 \text{ kg}}{\text{Fl.}} \cdot \frac{0{,}6 \text{ kg CO}_2\text{e}}{\text{kg}} + \frac{200 \text{ tkm} \cdot 0{,}48 \text{ kg}}{1.000} \cdot \frac{0{,}17 \text{ kg CO}_2\text{e}}{\text{tkm}} + \frac{16{,}1 \text{ tkm} \cdot 0{,}48 \text{ kg}}{1.000} \cdot \frac{0{,}47 \text{ kg CO}_2\text{e}}{\text{tkm}}$$

$$= 0{,}308 \; \frac{\text{kg CO}_2\text{e}}{\text{Fl.}}$$

---

[39] Quelle: Weingut Prinz Salm.
[40] Quelle: Google Maps-Routenplaner: http://maps.google.de/

Mit der Abfüllung des Rieslings wird ein Lohnabfüller beauftragt, der einmal jährlich von Mühlheim/Mosel nach Wallhausen fährt. Dabei transportiert er einen Anhänger mit mobiler Abfüllanlage. Die Distanz beträgt 138,4 km für Hin- und Rückweg[41]. In diesem Fall wird Hin- und Rückfahrt eingerechnet, da die Fahrt speziell für die Abfüllung des Weins erfolgt und dem Riesling komplett zugeteilt werden kann. Die Fahrt mit dem schweren Tandemanhänger wird aufgrund der hohen beförderten Gesamtmasse im Vergleich zu einer einfachen PKW-Fahrt als „LKW-Transport" angesehen. Tabelle 14 zeigt die verwendeten Daten, die auf den Typenschildern der Anlage ausgewiesen sind.

Tabelle 14: Daten zur Berechnung der CO_2e-Emissionen durch die Flaschenabfüllung

elektrische Leistung mobile Abfüllanlage, gesamt	13 kW
Durchsatz Abfüllanlage	2.646 Fl./h
elektrische Leistung Kompressor	3 kW
elektrische Leistung Pumpe	2,2 kW
elektrischer Wirkungsgrad Abfüllanlage, gesamt	0,84

Berechnung der CO_2e-Emissionen durch die Abfüllung:

1. Dauer der Abfüllung =

$$\frac{8.213 \text{ Fl.}}{2.646 \text{ Fl./h}} = \mathbf{3 \text{ h}}$$

2. Aufgenommene el. Energie =

$$\frac{(13 + 3 + 2,2) \text{ kW} \cdot 3 \text{ h}}{0,84} = \mathbf{65 \text{ kWh}}$$

3. Emissionen der Abfüllung =

$$\frac{65 \text{ kWh} \cdot 0,648 \text{ kg } \frac{\text{kg CO}_2\text{e}}{\text{kWh}} + \frac{130,1 \text{ km}}{1.000} \cdot 0,47 \text{ kg CO}_2\text{e/tkm}}{8.213 \text{ Fl.}} = \mathbf{0{,}005 \ \frac{\text{kg CO}_2\text{e}}{\text{Fl.}}}$$

---

[41] Quelle: Google Maps-Routenplaner: http://maps.google.de/

Zum Verschließen der Flasche wird ein Korken (Ecoinvent: „cork slab, at plant [RER]", 1,16 kg CO_2e/kg) eingesetzt; außerdem wird sie mit einer Schrumpfkapsel aus Zinn (Ecoinvent: „metal product manufacturing, average metal working", 1,87 kg CO_2e/kg) versehen. Wie schon erwähnt, werden Korken und Kapsel trotz ihres geringen Gewichts (s. Tab. 5) bei der Berechnung berücksichtigt. Der Korken wird von einem Hersteller aus Portugal importiert. Erfolgt der Import per Frachtflugzeug (Ecoinvent: „transport, aircraft, freight, Europe", 1,67 kg CO_2e/tkm) nach Frankfurt/Main, beträgt die Flugstrecke etwa 1.670 km[42]. Firmensitz des Herstellers Amorim Deutschland ist in Bingen. Der Transport mit dem LKW von Frankfurt nach Bingen und anschließend zum Weingut nach Wallhausen ist 94,6 km lang[43]. Die Kapsel wird in der metallverarbeitenden Industrie hergestellt. Als Transportstrecke werden zusätzlich 200 km angenommen (Ecoinvent: „transport, lorry 16-32t, EURO4 [RER]", 0,17 kg CO_2e/tkm). Nachfolgend werden die CO_2-Äquivalente für den Korken und die Kapsel berechnet.

Berechnung der CO_2e-Emissionen durch die Verwendung des Korkens:

$$\frac{5{,}7 \text{ g}}{\text{Korken}} \cdot \frac{1{,}16 \text{ kg CO}_2\text{e}}{\text{kg}} + \frac{1.670 \text{ km} \cdot 5{,}7 \text{ g}}{1.000.000} \cdot \frac{1{,}67 \text{ kg CO}_2\text{e}}{\text{tkm}} +$$

$$+ \frac{69{,}9 \text{ km} \cdot 5{,}7 \text{ g}}{1.000.000} \cdot \frac{0{,}17 \text{ kg CO}_2\text{e}}{\text{tkm}} + \frac{24{,}7 \text{ km} \cdot 5{,}7 \text{ g}}{1.000.000} \cdot \frac{0{,}47 \text{ kg CO}_2\text{e}}{\text{tkm}}$$

$$= 0{,}0226 \frac{\text{kg CO}_2\text{e}}{\text{Korken}}$$

Berechnung der CO_2e-Emissionen durch die Verwendung der Kapsel:

$$\frac{11{,}2 \text{ g}}{\text{Kapsel}} \cdot \frac{1{,}87 \text{ kg CO}_2\text{e}}{\text{kg}} + \frac{200 \text{ km} \cdot 11{,}2 \text{ g}}{1.000.000} \cdot \frac{0{,}17 \text{ kg CO}_2\text{e}}{\text{tkm}} +$$

$$+ \frac{16{,}1 \text{ km} \cdot 11{,}2 \text{ g}}{1.000.000} \cdot \frac{0{,}47 \text{ kg CO}_2\text{e}}{\text{tkm}}$$

$$= 0{,}0214 \frac{\text{kg CO}_2\text{e}}{\text{Kapsel}}$$

Der Verkauf der Weinflaschen erfolgt in einem Versandkarton für sechs Flaschen, der aus stabiler Pappe (Ecoinvent: „production of carton board boxes, offset printing, at plant", 0,36 kg CO_2e/kg) besteht und eine Masse von 750 g[44]

---

[42] Quelle: Google Earth.
[43] Quelle: Google Maps-Routenplaner: http://maps.google.de/
[44] Quelle: Weingut Prinz Salm.

hat. Mit den Anlieferungsverhältnissen wie bei der Glasflasche ergeben sich die folgenden CO_2e-Emissionen:

$$\frac{0{,}75\text{ kg}}{\text{Karton}} \cdot \frac{0{,}36\text{ kg }CO_2e}{\text{kg}} + \frac{200\text{ km}\cdot 0{,}75\text{ kg}}{1.000} \cdot \frac{0{,}17\text{ kg }CO_2e}{\text{tkm}} +$$

$$\frac{16{,}1\text{ km}\cdot 0{,}75\text{ kg}}{1.000} \cdot \frac{0{,}47\text{ kg }CO_2e}{\text{tkm}}$$

$$= 0{,}301\ \tfrac{\text{kg }CO_2e}{\text{Karton}}\ \text{bzw.}\ \frac{0{,}301\text{ kg }CO_2e}{6\text{ Fl.}} = \mathbf{0{,}050}\ \tfrac{\mathbf{kg\ CO_2e}}{\mathbf{Fl.}}$$

Zum Transport der verpackten Kartons werden EURO-Paletten verwendet. Eine versandfertige Palette trägt etwa 600 Flaschen bzw. umgerechnet rund 100 Kartons. Um die betrachteten 8.213 Flaschen zu transportieren, werden 8.213 Fl./600 Fl./Palette ≈ 14 Paletten benötigt. Dazu kann zwar ggf. ein Teil der Paletten benutzt werden, auf denen Flaschen oder Kartons zum Weingut transportiert wurden. Trotzdem müssen Herstellung und Anlieferung der Paletten berücksichtigt werden, da durch sie zusätzliches Transportgewicht entsteht, das zu CO_2e-Emissionen führt und bisher nicht eingerechnet wurde. Die Anlieferungsstrecken betragen wie bei den Flaschen und Kartons 200 bzw. 16,1 km. Als Emissionswert der Paletten-Produktion wird der Ecoinvent-Eintrag „EUR flat pallet" mit 6,61 kg CO_2e/Stück herangezogen:

$$\frac{14\text{ St.}\cdot(6{,}61\ \tfrac{\text{kg }CO_2e}{\text{St.}} + 22\ \tfrac{\text{kg}}{\text{St.}}\cdot\tfrac{200\text{ km}}{1.000}\cdot 0{,}17\ \tfrac{\text{kg }CO_2e}{\text{tkm}} + 22\ \tfrac{\text{kg}}{\text{St.}}\cdot\tfrac{16{,}1\text{ km}}{1.000}\cdot 0{,}47\ \tfrac{\text{kg }CO_2e}{\text{tkm}})}{8.213\text{ Fl.}}$$

$$= \mathbf{0{,}013}\ \tfrac{\mathbf{kg\ CO_2e}}{\mathbf{Fl.}}$$

Tabelle 15: CO₂e-Emissionen durch Abfüllung und Verpackung

Position	Menge	CO_2e-Bezeichnung (Ecoinvent)	CO_2e-Faktor	Transport	Gesamtentfernung in km	CO_2e pro Flasche
Flasche	480 g	„packaging glas, brown, at plant [DE]"	0,6 kg CO_2e/kg	LKW	216,1	0,308 kg CO_2e
Karton für 6 Flaschen	750 g	„production of carton board boxes, offset printing, at plant"	0,36 kg CO_2e/kg	LKW	216,1	0,050 kg CO_2e
Palette	22 kg	„EUR-flat pallet"	6,61 kg CO_2e/St.	LKW	216,1	0,013 kg CO_2e
Schrumpfkapsel	11,2 g	„metal product manufacturing, average metal …"	1,87 kg CO_2e/kg	LKW	216,1	0,021 kg CO_2e
Korken	5,7 g	„cork slab, at plant [RER]"	1,16 kg CO_2e/kg	Flugzeug und LKW	1.670 und &94,6	0,023 kg CO_2e
Abfüllung	65 kWh	„electricity mix [DE]"	0,648 kg CO_2e/kWh	LKW	138,4	0,005 kg CO_2e
					$\Sigma\ CO_2e$	0,420 kg CO_2e

Die Geringfügigkeitsschwelle beträgt 6,15 Gramm (s.o.). Auch wurde schon erwähnt, dass das Gewicht der PVC-Stretch-Folie, mit der die Kartons auf der Palette umwickelt werden, unterhalb dieser Schwelle liegt (s. auch Tab. 5). Die folgenden Ausführungen sollen zur Verdeutlichung dieses Sachverhalts dienen.

Die Abmessungen einer EURO-Palette betragen 1.200 × 800 mm (Länge × Breite). Die Maße der Versandkartons sind 230 x 160 x 335 mm (Länge × Breite × Höhe)[45]. Eine Palette fasst rund 100 Versandkartons [45]. Aufgrund der Paletten-Maße ergibt sich je nach Anordnung eine Anzahl von 25-27 Kartons je Schicht auf der Palette. Es werden also vier Ebenen mit Kartons mit der Gesamthöhe von 4 x 335 mm = 1,34 m aufgestapelt. Die mit Folie zu umwickelnde Fläche beträgt 6,186 m² (zur Berechnung Vgl.. Tab. 5); mit einer Dicke

---

[45] Quelle: Weingut Prinz Salm.

der Stretch-Folie von 20 my (= 20/1.000 mm) errechnet sich ein Volumen von 20/1.000 mm x 6,186 m² = 0,000124 m³. Die Dichte von PVC beträgt 1,38 kg/dm³ [46], womit sich das Gewicht der benutzten Folie zu 0,000124 m³ x 1,38 kg/dm³ = 171,12 g/Palette berechnet. Umgerechnet auf eine Flasche ergeben sich: 171,12 g/Palette / 600 Flaschen/Palette = 0,00029 g/Flasche. Dieser Wert für das Foliengewicht/Flasche ist deutlich kleiner als die Geringfügigkeitsschwelle von 6,15 g und wird daher nicht beachtet.

9. Zusammenfassung der THG-Emissionen der Rohstoffgewinnung

Schließlich errechnet sich für die Stufe 1, Rohstoffgewinnung, der CO2e-Wert als Summe von Material und Bewirtschaftung, Pflanzenschutz, Düngung und Entsorgungen. Eine Übersicht ist in Tab. 16 dargestellt.

Tabelle 16: Übersicht der CO_2e-Emissionen der Phase Rohstoffgewinnung

Materialien im Weinberg	0,01733 kg CO_2e/Fl.
Rebenzüchtung	0,00144 kg CO_2e/Fl.
Begrünungssaatgut	0,006 kg CO_2e/Fl.
Fahrzeugeinsätze	0,160 kg CO_2e/Fl.
Stickstoffdünger	0,069 kg CO_2e/Fl.
Pflanzenschutzmittel	0,001 kg CO_2e/Fl.
Entsorgungen	0,0002 kg CO_2e/Fl.
Abfüllung und Verpackung	0,420 kg CO2e/Fl.
Summe	**0,675 kg CO_2e/Fl.**

B. Produktion

1. THG-Emissionen durch Tätigkeiten in der Kellerwirtschaft

Nach der Lese werden die Trauben zur Verarbeitung ins Weingut transportiert. Dabei entstehende Emissionen durch den Transport mit dem Traktor wurden bereits in der Phase der Rohstoffgewinnung berücksichtigt. Die Emissionen, die

---

[46] Vgl.. Kuchling, H. (2004), S. 615.

sich durch die sich anschließenden Tätigkeiten in der Kellerei ergeben, zeigen die folgenden Tabellen.

Die Verarbeitung der Trauben zu Most bzw. Wein erfolgt in erster Linie durch den Einsatz elektrischer Maschinen. Leistungsdaten zu den verschiedenen Geräten sind in Tab. 3 dargestellt. Die CO_2e-Emissionen durch den Einsatz der Maschinen zeigt Tab. 17. Nachfolgend wird deren Berechnung am Beispiel des Quetschens der Trauben erläutert.

Zum Quetschen der Trauben wird eine Traubenmühle der Fa. Rauch eingesetzt. Die abgegebene elektrische Leistung der Maschine beträgt 2,2 kW, ihr Durchsatz wurde mit 5.000 kg/h angegeben.[47] Bei dem Traubenertrag von 7.280 kg/a, der sich auf der 1,12 ha großen Weinbergfläche ergibt, errechnet sich somit eine Laufzeit der Maschine von ca. 1,46 h/a. Für das Forschungsprojekt wird ein allgemeiner elektrischer Wirkungsgrad von 75 Prozent angenommen. Die aufgenommene elektrische Energie der Maschine beträgt:

$$\frac{2{,}2 \text{ kW}}{0{,}75} = 2{,}93 \text{ kW}$$

Der CO_2e-Faktor für den deutschen Strom-Mix ist ebenfalls in der Ecoinvent-Datenbank enthalten („electricity mix [DE]") und beträgt 0,18 kg CO_2e/MJ bzw. 0,648 kg CO_2e/kWh[48]. Für das Quetschen ergibt sich der folgende Emissionswert:

$$2{,}93 \text{ kW} \cdot 1{,}46 \text{ h/a} \cdot 0{,}648 \frac{\text{kg } CO_2\text{e}}{\text{kWh}} = 2{,}77 \frac{\text{kg } CO_2\text{e}}{\text{a}}$$

Bezogen auf eine Flasche ergibt sich für das Quetschen ein Wert von

$$\frac{2{,}77 \text{ kg } CO_2\text{e}}{8.213 \text{ Fl.}} = 337 \cdot 10^{-6} \frac{\text{kg } CO_2\text{e}}{\text{Fl.}}.$$

Analog zu den Berechnungen für das Quetschen der Trauben werden die weiteren Prozessschritte der Kellerwirtschaft berechnet.

Bei der Gärung entstehendes CO_2 wird durch Aktivitäten von Mikroorganismen freigesetzt. Die PCR sieht zwar in Kapitel 7.1.1 die Berücksichtigung dieses CO_2 bei der Berechnung des PCF vor. Nach aktuellem Stand der Wissenschaft liegen momentan jedoch keine aussagekräftigen Daten dies bezüglich vor; auch

---

[47] Quelle: Weingut Prinz Salm.
[48] Umrechnung: 3,6 MJ ≙ 1 kWh.

gehen die Meinungen von Experten zu dem Thema weit auseinander.[49] Beim Gärprozess frei werdendes CO_2 wurde zuvor im Weinberg in den Trauben gebunden. Dieser Vorgang wird daher als CO_2-neutral angesehen und bei der Ermittlung des PCF nicht berücksichtigt.

Somit ergeben sich Emissionen durch elektrischen Energieeinsatz von insgesamt 50,86 kg CO_2e/a bzw. $\frac{50,86 \text{ kg } CO_2e}{8.213 \text{ Fl.}} = 6,2 \cdot 10^{-3} \frac{\text{kg } CO_2e}{\text{Fl.}}$.

Dieser Wert bezieht sich auf die elektrische Energie der Prozesse der Kellerwirtschaft bis zur Reifelagerung des Weins.

Tabelle 17: CO_2e-Emissionen durch den Einsatz elektrischer Geräte in der Kellerwirtschaft

Arbeitsschritt	Aufgenommene .el. Leistung	Betriebsst./a für 6.160 l/a	Aufgenommene .el.Energie/a	CO_2e pro Arbeitsschritt
Zerkleinern	2,93 kW	1,46 h	4,28 kWh	2,77 kg CO_2e
Pressen der Mai-	2,93 kW	4,85 h	14,21 kWh	9,21 kg CO_2e
Trubfiltration	2,93 kW	2,93 h	8,59 kWh	5,57 kg CO_2e
Kieselgurfiltration	3,0 kW	1,46 h	4,38 kWh	2,84 kg CO_2e
Schichtenfiltration	2,93 kW	1,46 h	4,28 kWh	2,77 kg CO_2e
Pumpen	29,3 kW	1,46 h	42,8 kWh	27,7 kg CO_2e
CO_2e-Faktor für el.Energie in kgCO_2e/kWh				0.648

$$\sum CO_2e \quad 50,86 \text{ kg } CO_2e \text{ /a}$$
(bezogen auf 6.160 l/a)

Im Verlauf der Weinherstellung werden Aktivkohle zur Mostschönung und Schwefel zur Stabilisierung des Jungweins hinzugegeben. Die Aufwandsmengen wurden bei der Datenerhebung mit 30 Gramm pro Hektoliter für die Aktivkohle und 200 mg pro Liter für den Schwefel angegeben. Bei dem Ertrag von 6.160 l

---

[49] Walg, O., 2012: Oberlandwirtschaftsrat beim *Dienstleistungszentrum Ländlicher Raum Rheinhessen-Nahe-Hunsrück*, Bad Kreuznach, Rheinland-Pfalz, mündliche Mitteilung vom 12. Juni 2012.

Wein pro Jahr ergeben sich Mengen von 1,848 kg Aktivkohle/a und 1,232 kg Schwefel/a. Die Ecoinvent entnommenen CO$_2$e-Faktoren betragen 1,15 kg CO$_2$e/kg für Aktivkohle („activated carbon") und 0,42 kg CO$_2$e/kg für das eingesetzte Schwefeldioxid („sulphur dioxid liquid at plant"). Die CO$_2$e-Emissionen durch den Einsatz von Aktivkohle berechnen sich unter Berücksichtigung der Anlieferung mit einem LKW (Ecoinvent: „transport lorry 3,5-7 t", 0,47 kg CO$_2$e/tkm) wie folgt:

$$1,848 \frac{kg}{a} \cdot 1,15 \frac{kg\ CO_2e}{kg} + \frac{200\ tkm \cdot 1,848\ kg/a}{1.000} \cdot 0,47 \frac{kg\ CO_2e}{tkm} = 2,3 \frac{kg\ CO_2e}{a}$$

Auf eine Flasche Riesling umgerechnet sind es

$$\frac{2,3\ kg\ CO_2e}{8.213\ Fl.} = 2,8 \cdot 10^{-4} \frac{kg\ CO_2e}{Fl.}.$$

Für die Schwefelung ergeben sich ähnliche Rechenschritte und werden an dieser Stelle nicht mehr ausgeführt. Das Ergebnis beträgt $77,1 \cdot 10^{-6}$ kg CO$_2$e/Fl. Zur Reinigung der Tanks, Presse etc. wird Leitungswasser benötigt. Insgesamt werden etwa 1.050 l für die Reinigung der Maschinen verbraucht (Vgl.. Tab. 4). Hinzu kommen 150 l Wasser durch den Einsatz eines Hochdruckreinigers. Der CO$_2$e-Wert für Leitungswasser (Ecoinvent: „tap water at user [RER]") beträgt 0,000319 kg CO$_2$e/kg; er kann aufgrund der Dichte von Wasser von 1.000 kg/m³ bzw. 1 kg/l auch als 0,000319 kg CO$_2$e/l angegeben werden. Zusätzlich erfordert das Betreiben des Hochdruckreinigers elektrische Energie. Bei einer angenommenen Einsatzdauer des Gerätes von 1 h ergibt sich eine abgegebene elektrische Energie von 2,2 kWh[50]. Zur Ermittlung der aufgenommenen elektrischen Energie wird der Wirkungsgrad von 0,75 eingerechnet.

Außerdem wird lt. Datenerhebung ein Reinigungsmittel, bestehend aus Natronlauge und Zitronensäure, mit einer Menge von insgesamt 9 l verwendet. Da in der Ecoinvent-Datenbank kein CO$_2$e-Wert für Zitronensäure enthalten ist, wird zur Berechnung der Emissionen durch das Reinigungsmittel nur das CO$_2$-Äquivalent für die Produktion von Natronlauge berücksichtigt („sodium hydroxide, 50% in H$_2$O, production mix, at plant [RER]"). Als Anlieferungsentfernung werden wiederum 200 km angenommen.

1. CO$_2$e-Emissionen durch den Verbrauch des Leitungswassers:

$$(1.050 + 150) \frac{l}{a} \cdot 0,000319 \frac{kg\ CO_2e}{l} = 0,383 \frac{kg\ CO_2e}{a}$$

---

[50] el. Leistung eines handelsüblichen Hochdruckreinigers = 2,2 kW (Vgl.. Kärcher Shop & Service Schreiber)

2. CO_2e-Emissionen durch elektrische Energie beim Einsatz des Hochdruckreinigers:

$$\frac{2,2 \text{ kWh}}{0,75} \cdot 0,648 \frac{\text{kg CO}_2\text{e}}{\text{kWh}} = 1,901 \text{ kg CO}_2\text{e}$$

Eine Auflistung über die CO_2e-Emissionen durch in der Kellerwirtschaft eingesetzte Stoffe zeigt Tab. 18. Insgesamt ergibt sich daraus ein Wert von 19,2 kg CO_2e/a bzw. **2,3 · 10⁻³ kg CO_2e/Fl.**

Tabelle 18: CO_2e-Emissionen S in der Kellerwirtschaft eingesetzte Stoffe

Arbeitsschritt	Einsatz-stoff	CO_2e-Bezeichnung (Ecoinvent)	CO_2e-Faktor	CO_2e pro Arbeitsschritt
Mostschönung	Aktiv-kohle	„activated carbon"	1,15 kg CO_2e/kg	2,30 kg CO_2e[51]
Schwefelung	Schwefe-lige Säure	„sulphur dioxid liquid at plant"	0,42 kg CO_2e/kg	0,63 kg CO_2e[51]
Tankreinigung	Warm-wasser	„tap water at user [RER]"	0,000319 kg CO_2e/kg	0,02 kg CO_2e
Reinigung Pumpen/Schläuche	Warm-wasser	„tap water at user [RER]"	0,000319 kg CO_2e/kg	0,10 kg CO_2e
Reinigung Pumpen/Schläuche	Kalt-wasser	„tap water at user [RER]"	0,000319 kg CO_2e/kg	0,10 kg CO_2e
Reinigung Presse	Warm-wasser	„tap water at user [RER]"	0,000319 kg CO_2e/kg	0,08 kg CO_2e
Reinigung Presse	Kalt-wasser	„tap water at user [RER]"	0,000319 kg CO_2e/kg	0,05 kg CO_2e
Reinigungsmittel	NaOH/-Zitronensäure	„sodium hydroxide, 50% in H_2O, production mix, at plant [RER]"	1,1 kg CO_2e/kg	13,97 kg CO_2e[51]
Hochdruck-reinigung	Kalt-wasser	„tap water at user [RER]"	0,000319 kg CO_2e/kg	1,95 kg CO_2e[52]

Σ CO_2e   19,2 kg CO_2e /a
(bezogen auf 6.160 l/a)

---

[51] Inklusive LKW-Transport von 200 km.
[52] Inklusive elektrische Energie.

2. THG-Emissionen durch Entsorgung

Als zu entsorgender Stoff fällt in der Produktionsphase lediglich Abwasser mit einer Menge von insgesamt 1.200 l/a an. Es wird über die Kanalisation der Abwasserbehandlungsanlage zugeführt und aufbereitet (Ecoinvent: „treatment, sewage, to wastewater treatment, class 1", 0,3 kg CO_2e/m³). Auf das Abwasser (Vgl. Tab. 19) entfallen THG-Emissionen von

$$\frac{\frac{1.200\,l}{1.000\,l/m^3} \cdot 0{,}3\,\frac{kg\,CO_2e}{m^3}}{8.213\,Fl.} = 0{,}05 \cdot 10^{-3}\,\frac{kg\,CO_2e}{Fl.}$$

Tabelle 19: CO_2e-Emissionen durch Entsorgungen in der Produktionsphase

Menge/a	CO_2e-Bezeichnung (Ecoinvent)	CO_2e-Faktor	CO_2e pro Flasche
1.200 l	„treatment, sewage, to wastewater treatment, class 1"	0,3 kgCO_2/m³	0,053 g CO_2e

3. Zusammenfassung der THG-Emissionen der Produktion

Für die Stufe 2, die Produktion, ergibt sich die in Tab. 20 zusammengefasste Summe der CO_2e-Emissionen.

Tabelle 20: Übersicht der CO_2e-Emissionen der Phase Produktion

el. Energie Kellerwirtschaft	0,0062 kg CO_2e/Fl.
eingesetzte Stoffe Weinherstellung	0,0023 kg CO_2e/Fl.
Abwasser	$0{,}05 \cdot 10^{-3}$ g CO_2e/Fl.
Summe	**0,009 kg CO_2e/Fl.**

C. Distribution

Der verkaufsfertig verpackte Wein kommt den Kunden über verschiedene Vertriebswege zu. Den größten Anteil am Vertrieb hat der Bestellversand durch Zug und Schiff mit 93 Prozent; der Hofverkauf in Wallhausen mit fünf Prozent und der Lieferservice des Weinguts mit zwei Prozent haben einen relativ geringen Anteil[53]. Ausgehend von 8.213 Flaschen des Rieslings ergibt sich folgende Aufteilung:

---

[53] Quelle: Weingut Prinz Salm. Es ist zu beachten, dass es sich bei der Berechnung um die betriebseigene Vermarktung des Weingutes Prinz Salm handelt.

Tabelle 21: Zuordnung der produzierten Weinflaschen zu den Vertriebswegen

Vertriebsweg	Anteil an der Produktion (8.213 Fl.)	Anzahl der Flaschen
Hofverkauf	5 %	411
Auslieferung	2 %	164
Bestellversand	93 %	7.638

(Quelle: Weingut Prinz Salm.)

Der Distributions-Phase werden nur THG-Emissionen durch Bestellversand und Auslieferungsfahrten angerechnet. Auf diese Arten der Distribution und die dabei genutzten Versandwege haben die Kunden, anders als beim Hofverkauf, keinen Einfluss. Die CO_2e-Emissionen von Versand und Auslieferung werden vollständig dem Produkt zugeordnet. Beim Verkauf im Hofladen erfolgt eine Abholung des Weins durch den Kunden in Wallhausen. Die Emissionen, die sich aus der dazu getätigten Einkaufsfahrt ergeben, können jedoch nicht unbedingt in vollem Umfang der funktionellen Einheit angelastet werden. Der Hofverkauf wird gesondert in Kapitel der „Produktnutzung" betrachtet. Somit ergibt sich eine Menge von 7.802 Flaschen, auf die die Ermittlung der THG-Emissionen der Distributionsphase bezogen wird (Vgl.. Tab. 22).

Tabelle 22: Aufteilung der transportierten Flaschen

	Anteil an der Produktion (8.213 Fl.)[54]	Flaschen
LKW/Kleintransporter-Auslieferung	2 %	164 St.
Bestell-Versand, gesamt	93 %	7.638 St.
transportierte Flaschen, gesamt	95 %	7.802 St.
	Anteil am Bestell-Versand[54]	Flaschen
Bestell-Versand, gesamt	100 %	7.638 St.
Bestell-Versand, Zug	80 %	1.528 St.
Bestell-Versand, Schiff	20 %	6.110 St.

---

[54] Quelle: Weingut Prinz Salm.

Für die Berechnung der vertriebsbedingten THG-Emissionen sind die jeweiligen transportierten Massen und die beim Transport zurückgelegten Strecken maßgeblich. Tabelle 23 zeigt die Berechnung beförderten Gesamtmassen, die sich aus den Gewichten der Paletten, Weinflaschen und Versandkartons ergeben. Für die Auslieferung durch das Weingut ergibt sich eine Gesamtmasse von 244 kg. Die mit dem Zug transportierte Gesamtmasse beträgt 8.499 kg, mit dem Schiff werden insgesamt 2.136 kg versendet.

Tabelle 23: Aufteilung der transportierten Massen

Transport mit LKW/Kleintransporter			
	Anzahl	Einzelmasse	Gesamtmasse
Paletten	1	22 kg	22 kg
Flaschen	164	1,23 kg	202 kg
Versandkartons	27	0,75 kg	20 kg
		Σ	244 kg
Transport mit Zug			
	Anzahl	Einzelmasse	Gesamtmasse
Paletten	10	22 kg	220 kg
Flaschen	6.110	1,23 kg	7.515,3 kg
Versandkartons	1.018	0,75 kg	763,5 kg
			Σ 8.499 kg
Transport mit Schiff			
	Anzahl	Einzelmasse	Gesamtmasse
Paletten	3	22 kg	66 kg
Flaschen	1.528	1,23 kg	1.879 kg
Versandkartons	255	0,75 kg	191 kg
			Σ 2.136 kg

Der Lieferservice erfolgt durch Auslieferung des Weins mittels kleinem LKW oder Kleintransporter. Als CO_2e-Wert wird der Ecoinvent-Datenbank der Wert 0,47 kg CO_2e/tkm („transport lorry 3,5-7,5 t") entnommen. Die durchschnittliche Lieferentfernung beträgt 350 km[55]. Da die Fahrt ausschließlich durch die Produktion und Distribution von Wein durch das Weingut Prinz Salm entsteht, fließen als Hin- und Rückfahrt 700 km in die Rechnung ein. Für den Lieferservice ergeben sich die folgenden THG-Emissionen:

$$\frac{\frac{244 \text{ kg} \cdot 700 \text{ km}}{1.000} \cdot 0{,}47 \frac{\text{kg CO}_2\text{e}}{\text{tkm}}}{7.802 \text{ Fl.}} = \mathbf{0{,}0103} \; \frac{\text{kg CO}_2\text{e}}{\text{Fl.}}$$

Der Bestellversand mittels Zug erfordert zunächst eine Lieferung zum Bahnhof. Erfolgt die Verladung des Weins auf die Bahn am Güterbahnhof Bingen, müssen rund 25 km[56] mit einem LKW (Ecoinvent: „transport lorry 16-32 t"; 0,17 kg CO_2e/tkm) zurückgelegt werden. Anschließend erfolgt der Transport per Güterzug (Ecoinvent: „transport, freight, rail [RER]", 0,04 kg CO_2e/tkm). Als durchschnittliche Entfernung nach Österreich wurden dazu 800 Zug-Kilometer angesetzt[57], weil die genaue Transportroute der Bahn nicht bekannt ist. Da auch die genaue Art der Anlieferung zum Einzelhandel in Österreich unbekannt ist, werden wiederum 200 km LKW-Transport angenommen. Bei der o.g. mit dem Zug transportierten Gesamtmasse berechnen sich die Emissionen zu

$$\frac{\frac{8.499 \text{ kg} \cdot 800 \text{ km}}{1.000} \cdot 0{,}04 \frac{\text{kg CO}_2\text{e}}{\text{tkm}} + \frac{8.499 \text{ kg} \cdot (25 \text{ km} + 200 \text{ km})}{1.000} \cdot 0{,}17 \frac{\text{kg CO}_2\text{e}}{\text{tkm}}}{7.802 \text{ Fl.}} = \mathbf{0{,}0765} \; \frac{\text{kg CO}_2\text{e}}{\text{Fl.}}.$$

Der Transport in die USA und nach Japan erfolgt per Frachtschiff (Ecoinvent: „transport, transoceanic freight ship [OCE]", 0,01 kg CO_2e/tkm). Die Strecken über Atlantik und Indischen Ozean betragen etwa 7.000 km nach Amerika und 24.000 km nach Japan[57]; die Gesamtstrecke hat also eine Länge von rund 31.000 km. Für den Transport von Wallhausen zum nächstgelegenen Frachthafen in Mainz über 49 km[56] wird eine LKW-Fahrt (Ecoinvent: „transport lorry 16-32 t"; 0,17 kg CO_2e/tkm) angesetzt. Für den Transport im Empfängerland gelten dieselben Bedingungen wie beim Zug-Versand. Somit ergeben sich THG-Emissionen von

$$\frac{\frac{2.136 \text{ kg} \cdot 31.000 \text{ km}}{1.000} \cdot 0{,}01 \frac{\text{kg CO}_2\text{e}}{\text{tkm}} + \frac{2.136 \text{ kg} \cdot (49 \text{ km} + 200 \text{ km})}{1.000} \cdot 0{,}17 \frac{\text{kg CO}_2\text{e}}{\text{tkm}}}{7.802 \text{ Fl.}} = \mathbf{0{,}0965} \; \frac{\text{kg CO}_2\text{e}}{\text{Fl.}}.$$

Die Ergebnisse gehen aus Tab. 4-24 hervor. Zusammenfassend errechnen sich für die Distributionsphase THG-Emissionen in Höhe von $\mathbf{0{,}183} \; \frac{\text{kg CO}_2\text{e}}{\text{Fl.}}$.

---

[55] Quelle: Weingut Prinz Salm.
[56] Quelle: Google Maps-Routenplaner: http://maps.google.de/
[57] Quelle: Google Earth.

Tabelle 24: Berechnung der CO$_2$e-Emissionen der Distribution

Berechnung der Tonnenkilometer			
	LKW/Kleintransporter	Zug	Schiff
transportierte Gesamtmasse	244 kg	8.499 kg	2.136 kg
Transport zum Güterbahnhof[58]	-	25 km	-
Transport zum Frachthafen[59]	-	-	49 km
Lieferentfernung	700 km	800 km[60]	31.000 km[60]
Transport ab Güterbahnhof[61]	-	200 km	-
Transport ab Frachthafen[61]	-	-	200 km
Tonnenkilometer (tkm)	171	1.912,3 und 6.799,3	531,9 und 66.216,2

Berechnung der CO$_2$e-Emissionen			
CO$_2$e-Faktor (Quelle: Ecoinvent)	0,47 kg CO$_2$e/tkm	0,17 und 0,04 kg CO$_2$e/tkm	0,17 und 0,01 kg CO$_2$e/tkm
CO$_2$e, gesamt	80,4 kg CO$_2$e	325,1 und 272 kg CO$_2$e	90,4 und 662,2 kg CO$_2$e
CO$_2$e/Flasche	10,3 g CO$_2$e	76,5 g CO$_2$e	96,5 g CO$_2$e

[58] Annahme: LKW-Transport (Ecoinvent: „transport lorry 16-32 t", 0,17 kg CO$_2$e/tkm), Bahnhof Bingen, Quelle: Google Maps.
[59] Annahme: LKW-Transport (Ecoinvent: „transport lorry 16-32 t", 0,17 kg CO$_2$e/tkm), Frachthafen Mainz, , Quelle: Google Maps.
[60] Quelle: Google Earth.
[61] Annahme: LKW-Transport (Ecoinvent: „transport lorry 16-32 t", 0,17 kg CO$_2$e/tkm), 200 km.

D. Produktnutzung

Die eigentliche „Nutzung" des Weins erfolgt durch dessen Verzehr. Eine vorherige Lagerung des Produktes beim Verbraucher erfordert nicht unbedingt eine Kühlung. Daher werden durch Kühlung mittels elektrischen Stroms verursachte THG-Emissionen bei den Betrachtungen in der vorliegenden Studie vernachlässigt.

Somit ergibt sich die Einkaufsfahrt, die durch den Verbraucher getätigt wird, als einzige Einflussgröße auf die CO_2e-Emissionen der Nutzungsphase. Die Erfassung von konkreten Daten bzgl. der Einkaufsfahrt gestaltet sich jedoch schwierig. Das Konsumverhalten eines jeden Verbrauchers ist sehr unterschiedlich. Dies führt dazu, dass über die Einkaufsfahrten keine konkreten aussagekräftigen Daten vorliegen.

Als Lösungsansatz für diese Problematik wurde für das PCF-Forschungsprojekt ein hypothetisches Modell erstellt, das folgende Annahmen beinhaltet[62]:

1. Für die Einkaufsfahrt wird ein PKW mit Dieselmotor benutzt, dessen durchschnittlicher Treibstoffverbrauch sechs Liter pro 100 km beträgt.
2. Pro Einkaufsfahrt wird eine Strecke von insgesamt zehn Kilometern zurückgelegt; dabei entfallen je fünf Kilometer auf den Hin-und den Rückweg.
3. Mit einer Fahrt werden zwei Pakete mit je sechs Flaschen des Rieslings zzgl. einer Menge von 20 kg allgemeiner Einkaufs-Waren transportiert.
4. Die Lagerung des Weins beim Verbraucher erfolgt ohne Kühlung.

Aufgrund der o.g. Annahmen stellt sich die Berechnung der CO_2e-Emissionen der Produktnutzung wie folgt dar:

1. Das Gewicht einer verkaufsfertigen Flasche *prinzsalm Grünschiefer Riesling* beträgt 1,23 kg; der Versandkarton wiegt 750 g.[63] Damit ergibt sich:

    a) Gewicht zweier Weinpakete = $2 \cdot (750 \text{ g} + 6 \cdot 1{,}23 \text{ kg})$ = 16,26 kg

    b) Gesamtgewicht der Einkäufe = 20 kg + 16,26 kg = 36,26 kg

---

[62] Das Kundenverhalten des DLR-Weingutes wurde jedoch empirisch ermittelt, sodass insoweit auf Primärdaten zurückgegriffen werden konnte und nicht die hier beschriebenen Annahmen getroffen werden mussten.

[63] Quelle: Weingut Prinz Salm.

2. Der CO₂e-Faktor für die Nutzung des Diesel-PKW wurde der Ecoinvent-Datenbank entnommen („transport, passenger car, diesel, EURO4") und beträgt 0,16 kg CO₂e/pkm. Die CO₂e-Emissionen durch Gebrauch des PKW betragen insgesamt:

$$10 \text{ km} \cdot 0{,}16 \, \frac{\text{kg CO}_2\text{e}}{\text{pkm}} = 1{,}6 \text{ kg CO}_2\text{e}$$

3. Der Anteil einer Flasche an der gesamten Einkaufsfahrt berechnet sich zu:

$$\frac{16{,}25 \text{ kg}}{36{,}26 \text{ kg}} \cdot \frac{1}{12 \text{ Fl.}} \cdot 100 \, \% = 3{,}74 \, \%$$

Auf eine Flasche *prinzsalm Grünschiefer Riesling* entfallen pro Einkaufsfahrt

$$1{,}6 \text{ kg CO}_2\text{e} \cdot 3{,}74 \, \% = \mathbf{0{,}060 \text{ kg CO}_2\text{e}}.$$

E. Entsorgung

In Stufe 5, der Entsorgung bzw. dem Recycling, werden nur diejenigen Abfälle einbezogen, die durch den Verzehr des Weins durch den Verbraucher entstehen. Dazu zählen die Glasflasche, der Versandkarton, der Korken und die Zinnkapsel. Alle anderen im Produktlebenszyklus anfallenden Reststoffe wurden bereits in dem jeweiligen Lebenszyklusabschnitt erfasst. Transporte, die zur Entsorgung notwendig sind, werden bei der Berechnung nicht beachtet, da sie nicht direkt dem Produkt zugeordnet werden können und Teil eines externen Prozesses sind; Allokation wird nicht berücksichtigt. Tabelle 25 zeigt eine Übersicht über die dabei entstehenden THG-Emissionen.

Die Glasflasche wird der Wiederverwertung zugeführt. Der Einschmelzungsvorgang ist ausgedrückt durch die Ecoinvent-Bezeichnung „disposal, glass, 0% water, to municipal incineration [CH]" mit dem CO₂e-Faktor 0,02 kg CO₂e/kg. Durch die Entsorgung der Flasche ergeben sich THG-Emissionen in Höhe von

$$\frac{0{,}48 \text{ kg}}{\text{Fl.}} \cdot 0{,}02 \, \frac{\text{kg CO}_2\text{e}}{\text{kg}} = 9{,}6 \cdot 10^{-3} \, \frac{\text{kg CO}_2\text{e}}{\text{Fl.}}.$$

Die Entsorgung des Kartons für sechs Flaschen im Altpapier hat ebenfalls den Faktor 0,02 kg CO₂e/kg (Ecoinvent: „disposal, packaging paper, 13.7% water, to municipal incineration [CH]") und verursacht folgende Emissionen:

$$\frac{0{,}75 \text{ kg}}{6 \text{ Fl.}} \cdot 0{,}02 \, \frac{\text{kg CO}_2\text{e}}{\text{kg}} = 2{,}5 \cdot 10^{-3} \, \frac{\text{kg CO}_2\text{e}}{\text{Fl.}}.$$

Durch die Entsorgung der Kapsel (Ecoinvent: „disposal, plastics, mixture, 15.3% water, to municipal incineration", 2,35 kg CO$_2$/kg) ergeben sich

$$\frac{11,2 \text{ kg}}{\text{Fl.}} \cdot 2,35 \frac{\text{kg CO}_2\text{e}}{\text{kg}} = 26,3 \cdot 10^{-3} \frac{\text{kg CO}_2\text{e}}{\text{Fl.}}.$$

Bei der Entsorgung des Korkens (Ecoinvent: „process-specific burdens, municipal waste incineration", 0,00529 kg CO$_2$/kg) entstehen

$$1 \cdot \frac{5,7 \text{ g}}{\text{Fl.}} \cdot 0,00529 \frac{\text{kg CO}_2\text{e}}{\text{kg}} = 30,2 \cdot 10^{-6} \frac{\text{kg CO}_2\text{e}}{\text{Fl.}}.$$

Zusammenfassend ergibt sich für die Emissionen der Entsorgungsphase ein Wert von **0,038 $\frac{\text{kg CO}_2\text{e}}{\text{Fl.}}$**

Tabelle 25: CO$_2$e-Emissionen durch Entsorgungen des Produktes

Position	Menge/a	Mengen-Faktor	CO$_2$e-Bezeichnung (Ecoinvent)	CO$_2$e-Faktor	CO$_2$e pro Flasche
Flasche	480 g	1	„disposal, glass, 0% water, to municipal incineration"	0,02 kg CO$_2$e/kg	0,0096 kg CO$_2$e
Karton für 6 Fl.	750 g	1/6	„disposal, packaging paper, 13.7% water, to municipal incineration"	0,02 kg CO$_2$e/kg	0,0025 kg CO$_2$e
Korken	5,7 g	1	„process-specific burdens, municipal waste incineration"	0,00529 kg CO$_2$e/kg	0,0302 g CO$_2$e
Schrumpf-Kapsel	11,2 g	1	„disposal, plastics, mixture, 15.3% water, to municipal incineration"	2,35 kg CO$_2$e/kg	0,0263 kg CO$_2$e
				∑ CO$_2$e	0,038 kg CO$_2$e /Fl.

F. Berechnung des PCF-Gesamtwertes

Der PCF einer Flasche *prinzsalm Grünschiefer-Riesling* ergibt sich aus der Summe der PCF-Einzelwerte, die entlang des gesamten Produktlebensweges von der Rohstoffgewinnung bis zur Entsorgung entstehen. Eine zusammenfassende Darstellung der berechneten CO_2e-Einzelwerte der fünf Lebenszyklusphasen sowie der daraus resultierenden Summe zeigt Tab. 26.

Tabelle 26: THG-Emissionen einer Flasche *prinzsalm Grünschiefer-Riesling*

Lebenszyklusphase	Wert	Einheit
Rohstoffgewinnung	0,675	kg CO_2e/Fl.
Produktion	0,009	kg CO_2e/Fl.
Distribution	0,183	kg CO_2e/Fl.
Produktnutzung	0,060	kg CO_2e/Fl.
Entsorgung	0,038	kg CO_2e/Fl.
Summe	**0,965**	**kg CO_2e/Fl.**

In Abb. 2 ist die prozentuale Verteilung der THG-Emissionen auf die Lebenszyklusphasen dargestellt.

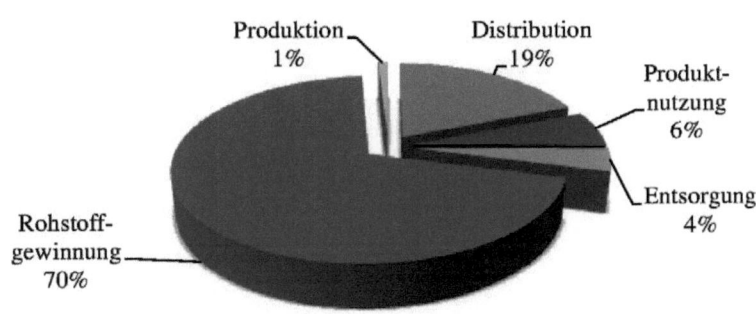

Abbildung 2: Anteile der fünf Lebenszyklusphasen am gesamten PCF

G. Auswertung der Ergebnisse

Prozentuale Verteilung der THG-Emissionen

Die zuvor beschriebene Verteilung des PCF soll im Folgenden genauer untergliedert werden, um einen Überblick über die Anteile einzelner Materialien und Prozessschritte zu gewinnen. Für die THG-Emissionen der Rohstoffgewinnung ergibt sich ein Gesamtanteil von ca. 70 % (s.o.), die sich in folgende Positionen unterteilen:

Tabelle 27: Anteile der THG-Emissionen der Rohstoffgewinnung

Material/Prozessschritt	Wert	Einheit	Anteil am Summenwert
Materialien im Weinberg inkl. Rebenzüchtung und Begrünungssaatgut	0,025	kg CO_2e/Fl.	3,7 %
Fahrzeugeinsätze	0,160	kg CO_2e/Fl.	23,7 %
Stickstoffdünger	0,069	kg CO_2e/Fl.	10,2 %
Pflanzenschutzmittel	0,001	kg CO_2e/Fl.	0,002 %
Entsorgung	0,0002	kg CO_2e/Fl.	0,0003 %
Abfüllung / Verpackung	0,420	kg CO2e/Fl	62,2 %
Summe	**0,675**	**kg CO_2e/Fl.**	**100 %**

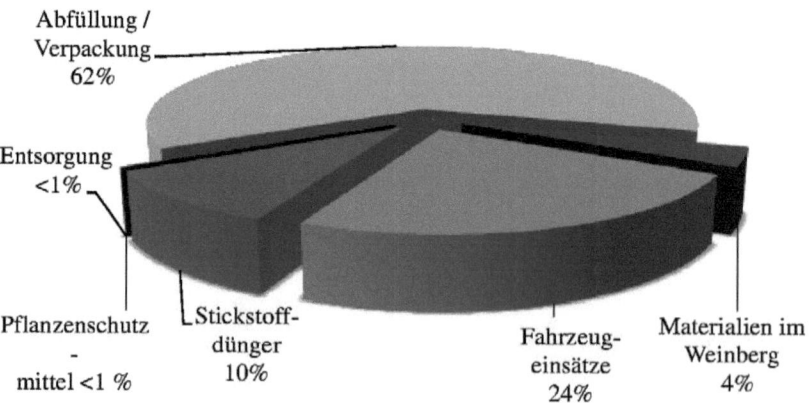

Abbildung 3: Anteile der THG-Emissionen der Rohstoffgewinnung

Die im Weinberg eingesetzten Materialien mit einem Wert von 25 g CO_2e/Fl. haben am Gesamtwert von 0,965 kg CO_2e/Fl. einen Anteil von 2,6 %. Bei weiterer Aufteilung ergeben sich die in Tab. 28 aufgeführten Werte.

Tabelle 28: Anteile der THG-Emissionen der Materialien im Weinberg

Material	Wert	Einheit	Anteil am Summenwert
Zeilenpfähle, Stahl	8,737	g CO_2e/Fl.	35,3 %
Endpfahl-Verankerungen	0,340	g CO_2e/Fl.	1,4 %
Pflanzstäbe	5,825	g CO_2e/Fl.	23,6 %
Metall-Klipse	0,971	g CO_2e/Fl.	4,0 %
Draht-Abspanner	0,049	g CO_2e/Fl.	0,2 %
Crapal-Draht	0,894	g CO_2e/Fl.	3,6 %
Endpfähle, Fichtenholz	0,082	g CO_2e/Fl.	0,3 %
Zeilenpfähle, Fichtenholz	0,431	g CO_2e/Fl.	1,7 %
Rebpflanzen	1,44	g CO_2e/Fl.	5,8 %
Saatgut	6	g CO_2e/Fl.	24,1 %
Summe	**0,025**	**kg CO_2e/Fl.**	**100 %**

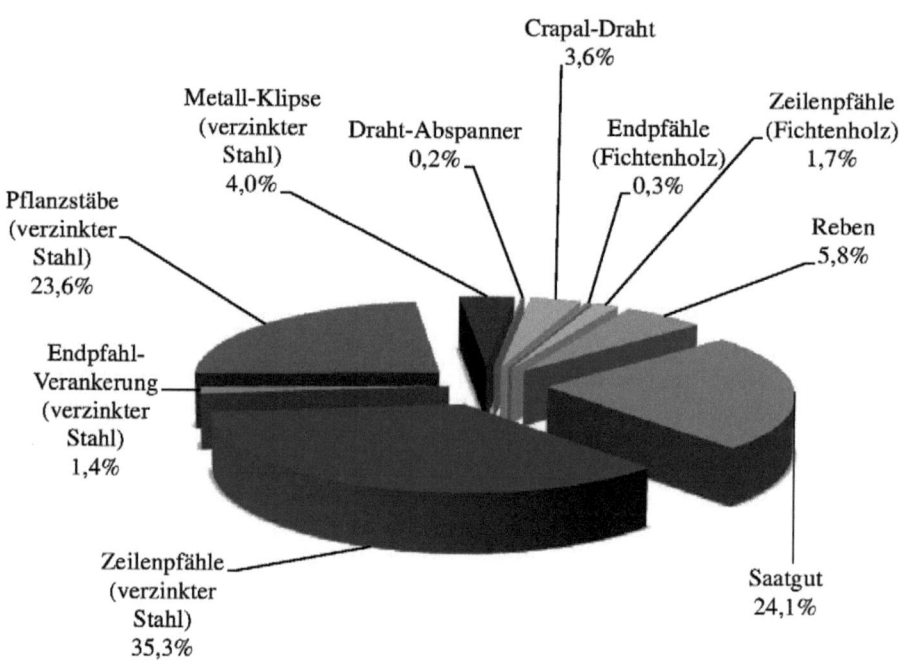

Abbildung 4: Anteile der THG-Emissionen durch Fahrzeugeinsätze im Weinberg

Die durch die Fahrzeugeinsätze bedingten CO_2e-Emissionen haben einen Anteil von rund 23,7 % an den Emissionen der Rohstoffphase und unterteilen sich wie folgt:

Tabelle 29: Anteile der THG-Emissionen durch Fahrzeugeinsatz im Weinberg

Arbeitsschritt	Wert	Einheit	Anteil am Summenwert
Rebschnitt	0,3	g CO_2e/Fl.	0,20 %
Biegen/Binden	0,3	g CO_2e/Fl.	0,20 %
Grubbern	13,0	g CO_2e/Fl.	8,13 %
Kreiseln	13,0	g CO_2e/Fl.	8,13 %
Mulchen	26,0	g CO_2e/Fl.	16,26 %
Rebholz häckseln	6,5	g CO_2e/Fl.	4,07 %
Kompost einfahren	1,6	g CO_2e/Fl.	1,02 %
N-Dünger streuen	1,6	g CO_2e/Fl.	1,02 %
Lese	0,001	g CO_2e/Fl.	0,0004 %
Traubentransport im Weinberg	6,5	g CO_2e/Fl.	4,07 %
Traubentransport ins Weingut	6,5	g CO_2e/Fl.	4,07 %
Begrünungseinsaat	6,5	g CO_2e/Fl.	4,07 %
Pflanzenschutz	78,1	g CO_2e/Fl.	48,78 %
Summe	0,160	kg CO_2e/Fl.	100 %

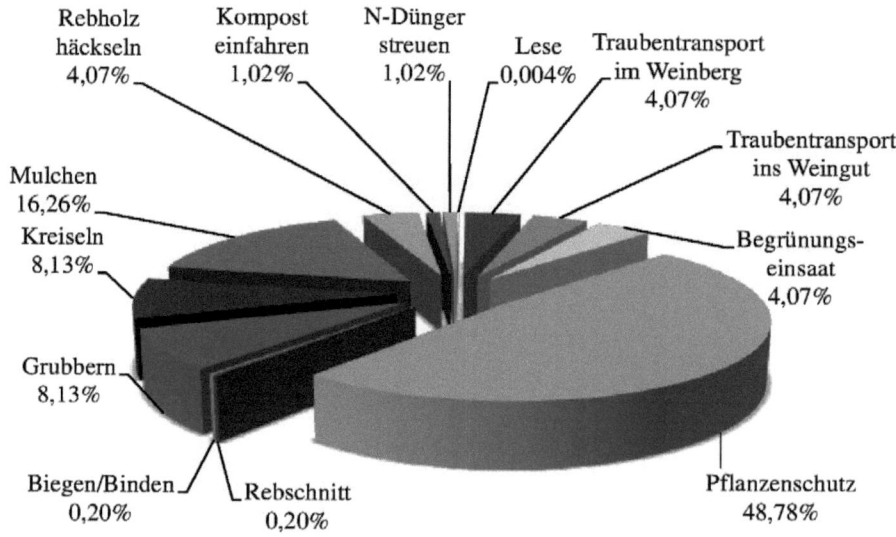

Abbildung 5: Anteile der THG-Emissionen durch Fahrzeugeinsätze im Weinberg

Den größten Anteil an den THG-Emissionen der Rohstoffgewinnungsphase hat die Verpackung des Weins mit einem Anteil von 61,5 %, die sich wie in Tab. 30 aufteilen. Abb. 6 stellt die Verteilung grafisch dar.

Tabelle 30: Anteile der THG-Emissionen durch die Verpackung

Artikel	Wert	Einheit	Anteil am Summenwert
Flasche	0,308	kg CO_2e/Fl.	74,2 %
Karton	0,050	kg CO_2e/Fl.	12,1 %
Palette	0,013	kg CO_2e/Fl.	3,1 %
Schrumpfkapsel	0,021	kg CO_2e/Fl.	5,1 %
Korken	0,023	kg CO_2e/Fl.	5,5 %
Summe	**0,415**	**kg CO_2e/Fl.**	**100 %**

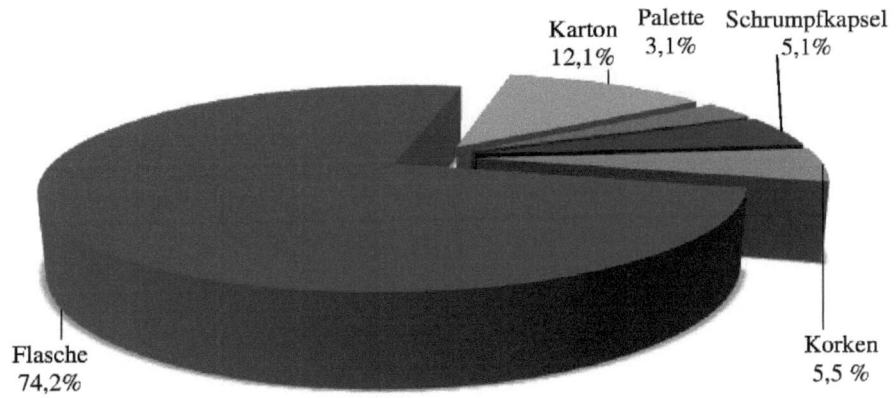

Abbildung 6: Anteile der THG-Emissionen durch die Verpackung

Die Produktionsphase hat einen Gesamt-Anteil von 1 %, der wie in Tab. 30 aufgeteilt und in Abb. 2 grafisch dargestellt ist.

Tabelle 31: Anteile der THG-Emissionen der Produktionsphase

Material/Prozessschritt	Wert	Einheit	Anteil am Summenwert
Elektrische Energie (inkl. Hochdruckreinigung und Abfüllung)	11,6	g CO_2e/Fl.	84%
Eingesetzte Stoffe (ohne el. Energie Hochdruckreinigung)	2,1	g CO_2e/Fl.	15 %
Entsorgung	0,05	g CO_2e/Fl.	1 %
Summe	**0,014**	**kg CO_2e/Fl.**	**100 %**

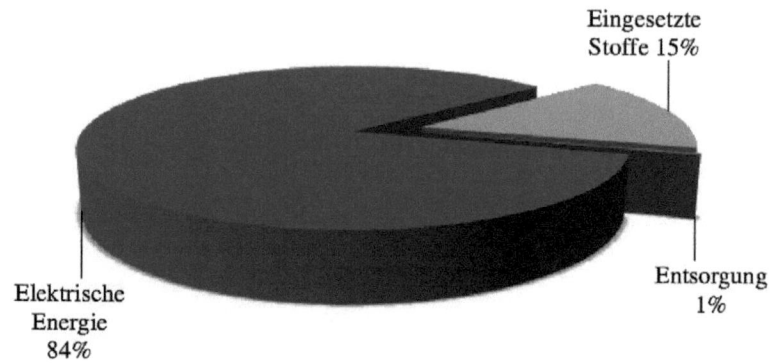

Abbildung 7: Anteile der THG-Emissionen der Produktionsphase

Der Anteil der elektrischen Energie unterteilt sich wie folgt:

Tabelle 32: Anteile der THG-Emissionen durch elektrische Energie

Prozessschritt	Wert	Einheit	Anteil am Summenwert
Quetschen	0,337	g CO_2e/Fl.	2,91 %
Pressen	1,123	g CO_2e/Fl.	9,71 %
Trubfiltration	0,679	g CO_2e/Fl.	5,87 %
Kieselgurfiltration	0,345	g CO_2e/Fl.	2,98 %
Schichtenfiltration	0,337	g CO_2e/Fl.	2,91 %
Pumpen	3,370	g CO_2e/Fl.	29,14 %
Hochdruckreinigung	0,237	g CO_2e/Fl.	2,05 %
Flaschenabfüllung	5,136	g CO_2e/Fl.	44,42 %
Summe	**0,0116**	**kg CO_2e/Fl.**	**100 %**

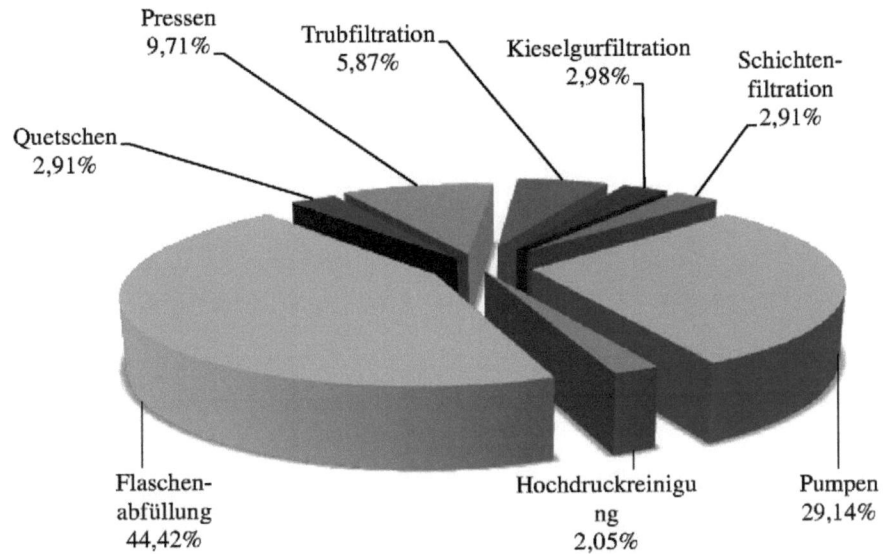

Abbildung 8: Anteile der THG-Emissionen durch elektrische Energie

Die Distribution hat mit 0,183 kg CO_2e/Fl. einen Anteil von 19 % am PCF. Die Emissionen teilen sich wie folgt auf:

Tabelle 33: Anteile der THG-Emissionen der Distributionsphase

Artikel	Wert	Einheit	Anteil am Summenwert
LKW/Kleintransporter-Auslieferung	10,3	g CO_2e/Fl.	5,6 %
Bestellversand Zug	76,5	g CO_2e/Fl.	41,7 %
Bestellversand Schiff	96,5	g CO_2e/Fl.	52,7 %
Summe	**0,1833**	**kg CO_2e/Fl.**	**100 %**

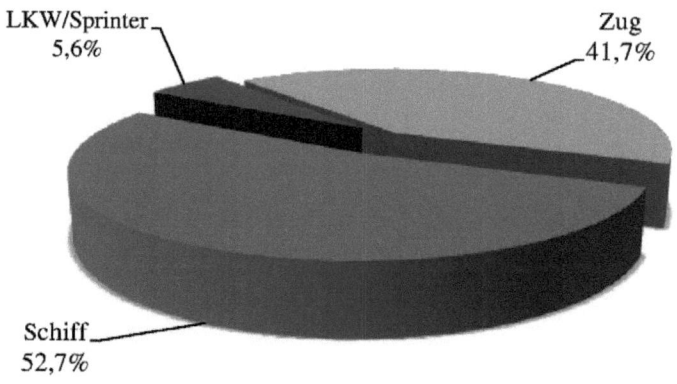

Abbildung 9: Anteile der THG-Emissionen der Distributionsphase

Die Nutzung des Produktes verursacht 60 g CO_2e/Fl. und hat damit einen Anteil von 6 % am PCF-Gesamtwert (s. Abb. 2).

Der Entsorgungsphase kommen insgesamt 4 % der THG-Emissionen zu und unterteilen sich wie in Tab.34 und Abb. 10 dargestellt.

Tabelle 34: Anteile der THG-Emissionen der Entsorgungsphase

Artikel	Wert	Einheit	Anteil am Summenwert
Flasche	9,6	g CO_2e/Fl.	25,0 %
Karton für 6 Flaschen	2,5	g CO_2e/Fl.	6,5 %
Korken	0,03	g CO_2e/Fl.	0,1 %
Kapsel	26,3	g CO_2e/Fl.	68,4 %
Summe	**0,0384**	**kg CO_2e/Fl.**	**100 %**

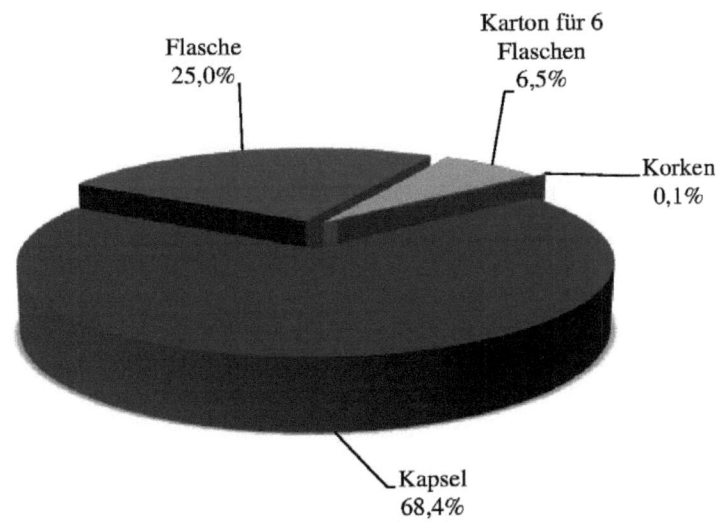

Abbildung 10: Anteile der THG-Emissionen der Entsorgungsphase

H. Diskussion der Ergebnisse

Betrachtet man die einzelnen Positionen, so ist festzustellen, dass die Glasflasche einen großen Anteil am PCF hat. 308 g der insgesamt 0,965 kg CO_2e-Emissionen sind auf die Verwendung der Braun-Glasflasche zurückzuführen, was einem Anteil von ca. 32 Prozent entspricht. Die Einführung anderer Flaschenmodelle wäre ein Ansatzpunkt zur Reduzierung des PCF. Durch Verwendung einer 480 g schweren Grün-Glasflasche (CO_2e-Wert Ecoinvent: 0,54 kg CO_2e/kg) läge der PCF bei 0,911 kg CO_2e/Fl., was eine Reduzierung von ca. 6 % bedeutet. Würde eine leichtere Braun-Glasflasche mit einer Masse von 400 Gramm verwendet, würde der PCF auf 0,888 kg CO_2e/Fl. sinken und läge rund 8 % niedriger als der aktuelle Wert. Eine Kombination aus der Umstellung auf eine leichtere Flasche und grünem Glas ergäbe einen Wert von 0,852 kg CO_2e/Fl. Die Emissionsreduzierung läge bei ca. 12 %. Hinzu käme auch eine Verringerung der durch die Distribution verursachten Emissionen aufgrund des geringeren Transportgewichts. In diesem Zusammenhang wäre auch die Möglichkeit der Verwendung leichterer Versandkartons zu prüfen. Eine weitere Option wäre die Umstellung auf neuartige alternative Verpackungssysteme für Wein wie PET-Flaschen, Bag-in-Box-Flüssigkeitsbeutel, Key-Keg-Fässer, Verbundstoff-Getränkekarton oder Getränkedosen. Dadurch würde das Transportgewicht und somit der Anteil der Distributions-Emissionen verringert. Fraglich ist jedoch, ob bei den Kunden eine Akzeptanz für diese neuartigen Verpackungen für das Produkt Wein vorhanden ist oder ob die Nachfrage nach den konventionellen Glasflaschen überwiegt.

3. Teil – PCF- Erhebung Staatsweingut Bad Kreuznach

I.   Das Staatsweingut Bad Kreuznach (DLR-R.N.H)

Das Staatsweingut Bad Kreuznach des Dienstleistungszentraums Ländlicher Raum Rhein-Nahe-Hunsrück, gelegen im Anbaugebiet Nahe, ist eines von fünf rheinlandpfälzischen Staatsweingütern, das im Jahre 1900 gegründet wurde. Seit seiner frühen Gründung als Lehr- und Versuchsbetrieb der preußischen Provinziallehranstalt war es maßgeblich an der Entwicklung des Nahe-Weinbaus beteiligt und zählt zu seinen Aufgaben, jungen Landwirten und Winzern eine solide Ausbildung zu ermöglichen. Weitere Tätigkeiten des DLR liegen im Beratungs- und Weiterbildungsangebot bezogen auf produktionstechnische Fragen der Landwirtschaft und des Weinbaus, die außerdem auf einem umfangreichen und praxisbezogenen Versuchswesen basieren. Die Weinberge des Staatsweingutes Bad Kreuznach, gelegen in den Einzellagen Kreuznacher Forst, Hinkelstein, Kahlenberg und Vogelsang sowie Norheimer Kafels, umfassen eine Gesamtrebenfläche von 20 Hektar.

Die Weißweinsorte Riesling hat hierbei mit 50 Prozent den größten Anteil neben weiteren Sorten wie dem Silvaner, Weißburgunder, Müller-Thurgau, Scheurebe und Gewürztraminer sowie den Rotweinsorten Spätburgunder, Frühburgunder, Portugieser, Dornfelder, Domina, Regent und Schwarzriesling.

Das bisher konventionell bewirtschaftete Staatsweingut befindet sich seit Herbst 2012 in der Umstellung, auf eine ökologische Bewirtschaftungsweise.

Es besteht ein grundsätzliches Interesse an einer nachhaltigen Bewirtschaftung des Betriebes, der als Leitbetrieb für Winzer zudem eine Vorbildrolle übernehmen möchte. Die Erkenntnis, wo die größten Verursacherquellen (CO_2) liegen und auf deren Basis weitere Einsparmöglichkeiten abzuleiten, runden die Bereitschaft zur Erstellung einer CO_2Bilanzierung ab. Die hierbei gewonnenen Erfahrungen sollen mittel- und langfristig in die Beratung, Unterrichtung und Weiterbildung der Winzer mit einfließen. Die Entscheidung zur Bilanzierung des Riesling ist damit zu begründen, dass es sich um die Hauptrebsorte (27 %) im Anbaugebiet Nahe und auch des Staatsweingutes Bad Kreuznach (ca.50 %) handelt. Für den Rotwein wurde ein Spätburgunder zur Bilanzierung ausgewählt, der neben dem Dornfelder als die bekannteste Rotweinsorte in Deutschland gilt.

Anhand einer Vielzahl gesammelter Primärdaten und damit umfassenden Datengrundlage innerhalb der Studie wird ein aussagekräftiges Ergebnis zur insgesamt freigesetzten Treibhausgas-Menge erwartet.

II. Untersuchungsrahmen

Das Produktsystem beinhaltet die nachfolgend beschriebenen Prozessmodule (Abb. 11), für die innerhalb der jeweiligen Lebenszyklusphase die In- und Output-Ströme erhoben wurden. Als funktionelle Einheit in der Bilanzierung wurde die Bereitstellung des Weins in der Einwegglasflasche mit einem Füllvolumen von 0,75 Liter für den Endkunden definiert.

Der Produktlebenszyklus der 0,75 Liter Riesling Glasflasche beinhaltet folgende Prozessphasen:

- Rohstoffgewinnung/Herstellung/Transport der Materialien zur Weinberganlegung
- Herrichtung und Bewirtschaftung der Weinberganlage
- Rohstoffgewinnung, Herstellung, Transport der Rohstoffe zur Weinherstellung und der Verpackungsmaterialien
- Weinproduktion in der Kellerwirtschaft
- Transport des Weines zum Kunden je nach Vertriebsart
- Nutzung des Weines durch den Kunden
- Entsorgungs bzw. Recyclingphase

Die Bilanzierung der Treibhausgasemissionen ist ausgelegt auf eine Nutzungsdauer der Weinberganlage von 30 Jahren. Sie erfolgt für die ersten drei Jahre mit der Unterteilung in Neu-, Jung- und Ertragsanlage. Somit fließt die Neuanlage gemessen an der Nutzungsdauer zu 1/30, die Junganlage zu 2/30 und die Ertragsanlage zu 27/30 anteilmäßig in die Bilanz ein. Die Daten in der Anbauphase beziehen sich auf die dem Staatsweingut Bad Kreuznach gehörende Weinbergfläche „Kahlenberg", eine im Direktzug bewirtschaftete Fläche. Die Berechnung basiert auf einer Bezugsfläche von einem Hektar [4.500 Rebpflanzen] mit einer Ertragsmenge von 10.000 kg/ha, was nach der Pressung des Erntegutes einem Wert von 7.500 l/ha Most (Jungwein) entspricht. Die Gesamtproduktionsmenge bezogen auf die Ertragsfläche von einem Hektar beträgt somit 10.000 Flaschen á 0,75 l.

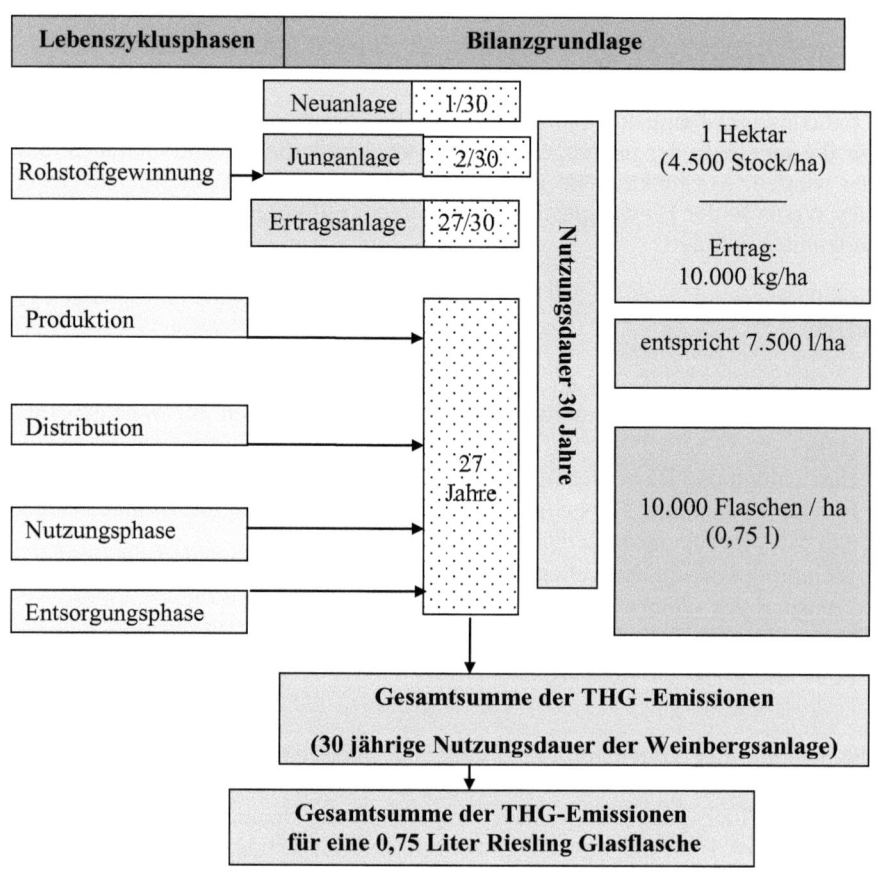

Abbildung 11 – Bilanzierungsrahmen

Die Daten der In- und Output-Ströme des Produktsystems wurden, wo immer möglich, als Primärdaten im Staatsweingut aufgenommen[64]. Sekundärdaten wurden der Datenbank ecoinvent[65] und weiterer einschlägiger Literatur entnommen. Große Unterstützung während des gesamten Projektverlaufs leisteten Oswald Walg und seine Kollegen vom Dienstleistungszentrum Ländlicher Raum (R.N.H.) Bad Kreuznach.

In der Rohstoffgewinnungsphase wurde die Freisetzung von CO_2 durch die Bodenpflege aufgrund vorhandener, aber nicht belastbarer Daten nicht berücksichtigt. Das beim Wachstum der Trauben aufgenommene CO_2 und die CO_2-Emissionen aus der Gärung wurden als klimaneutral betrachtet. Da die Betriebseinrichtung des Staatsweingutes in Bad Kreuznach unmittelbar an die Bewirtschaftungsfläche angrenzt, wurden in die Bilanzierung keine separaten Anfahrtswege zu den Bewirtschaftungsflächen mit einbezogen.

III. Lebenszyklusphasen

Zur Rohstoffgewinnung zählen die Herstellung und der Transport der Materialien zur Herrichtung des Weinbergs (Pfähle, Drähte, Bindematerialien etc.) und die Rebenpflanzguterzeugung. Darüber hinaus wurden die durch die Weinbergbewirtschaftung entstehenden Emissionen ermittelt. Dazu gehören der Energieeinsatz der Maschinen, die Herstellung von Dünge- und Pflanzenschutzmitteln sowie die düngungsinduzierten Lachgasemissionen. Zudem wurden die Treibhausgasemissionen, die mit der Herstellung und dem Transport der Verpackungsmaterialien (Flaschen, Etiketten, Verschlüsse, Kartonage) verbunden sind, dieser Phase zugeordnet. Die Angaben zu den Transportstrecken zur Materialbeschaffung der Flaschenausstattung beruhen auf Auskünften der Hersteller bzw. Zwischenhändler.[66]

Mit der Übergabe der gelesenen Trauben in den Keller beginnt die Produktionsphase des Weins. Dabei erfolgt die Betrachtung der Emissionen des Kelterns und der Gärung, der Kühlung und der eingesetzten Materialien zur anschließenden Behandlung des jungen Weines vor der Abfüllung. Die Abfüllung in Flaschen, die Etikettierung und Verpackung sowie die Lagerung des Endproduktes im Lager wurden einbezogen.

---

[64] Die erhobenen Daten zur Bewirtschaftung aller Anlagentypen (Neu-, Jung- und Ertragsanlage) stammen aus dem Zeitraum Januar bis Dezember des Jahres 2011.
[65] Die Bilanzierung wurde mit der Software „Umberto for Carbon Footprint 1.1" durchgeführt. Umberto ist eine in Deutschland und Europa anerkannte führende englischsprachige Software zur Erstellung von Produkt- und betriebsbezogenen Ökobilanzen und Stoffstromanalysen. Diese Software verfügt über den Zugriff auf Datenbanken wie Bio Grace mit GWP-Daten zu Bio-Kraftstoffen und die *ecoinvent* Datenbank vom Schweizer Zentrum für Ökoinventare mit über 4.000 industriebasierten Sachbilanzdaten zu Prozessen, Produkten und Dienstleistungen.
[66] Hierbei wird der kraftstoffbezogene Ansatz zur Ermittlung der THG des Transportes angewendet.

In der Kellerphase wurde der Stromverbrauch aus Leistungsdaten[67] und Betriebsstunden der eingesetzten Maschinen und Anlagen berechnet.

Distribution/Nutzungsphase

Die prozentuale Aufteilung der beim DLR Rheinhessen-Nahe-Hunsrück vorhandenen Struktur der Distribution basiert auf der Dokumentation aktueller Vertriebslisten und einer im Zeitraum von Mai bis September 2011 durchgeführten Umfrage der Vinothek-Verwaltung bei ihren Kunden. Die Ergebnisse der Umfrage stellen in erster Linie das Käuferverhalten in Bezug auf Einkaufsmenge und Anfahrtstrecke der Selbstabholer dar (Vgl.. Tab. 35).

	Kundenangaben				
	nur zum Weinkauf	25	32,89%		
	mit anderen Einkäufen verbunden	49	64,47%		
	Sonstiges (Urlaub/Durchreise)	2	2,63%		
einfache Entfernung	**Kunden**	**Menge Einkauf**	**ges. Entfernung**	**Durchschnitt**	
[km]	Anzahl	[Flaschen]	[km]	Entfernung [km]	Menge [Fla.]
< 5 km	37	621	99,25	2,68	16,78
< 15 km	9	477	86	9,56	53,00
< 50 km	10	395	318	31,80	39,50
< 100 km	8	154	649	81,13	19,25
> 100 km	12	285	3625	302,08	23,75
Summe	76	1932	4777,25	62,859	25,42

Tabelle 35: Ergebnisse der Kundenumfrage des Staatsweingutes Bad Kreuznach

---

[67] Die elektrische Maschinenleistung in der Kellerwirtschaft wurde mit einem Wirkungsgrad von 75 Prozent angesetzt.

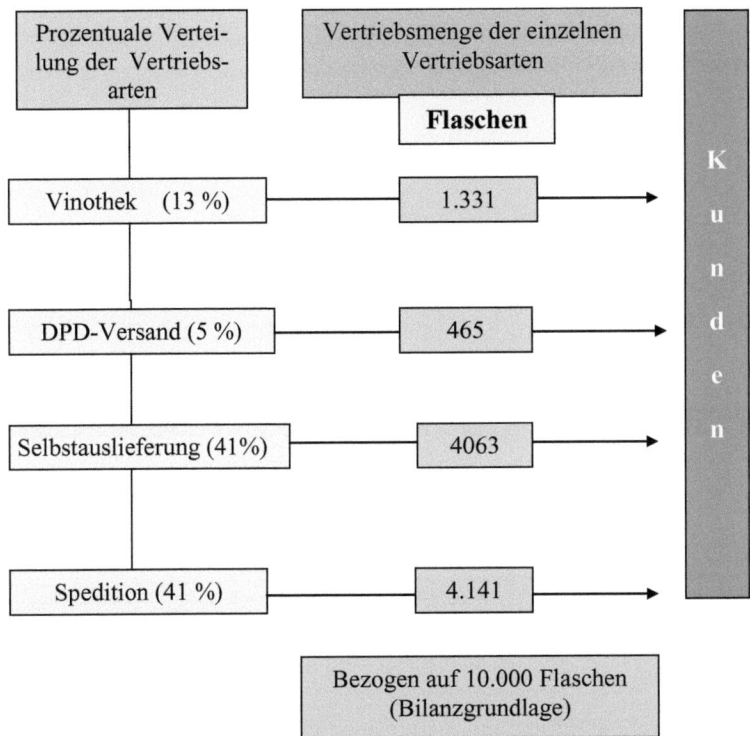

Abbildung 12 - Grafische Darstellung der Vertriebsstruktur

Abbildung 12 zeigt die prozentuale Aufteilung der analysierten Vertriebswege. Das Ergebnis wurde entsprechend auf eine Produktionsmenge von 10.000 Flaschen bezogen. Der Distributionsphase wurde die Auslieferung des Weines durch das Staatsweingut selbst zugeordnet. 41 % der jährlich vertriebenen 10.000 Flaschen werden über eine Gesamtstrecke von 425 km mit einem Lieferwagen ausgeliefert. Da die Einrichtung der Vinothek in diesem Betrieb eine Vertriebsabwicklung des produzierten Weines erst ermöglicht, wurden deren energetische Aufwendungen auch dem Produkt angerechnet. Beachtet wurden hierbei der Stromverbrauch der Beleuchtung, der Weinkühlung und der Computer.

Die Nutzungsphase schließt die Vertriebsformen der Selbstabholung (13 %), des DPD Versandes (5 %) und des Speditionsversandes (41 %) ein. Diese drei Beschaffungsarten des Produktes wurden bewusst der Nutzungsphase zugeordnet, da der

Kunde auf die Art der Beschaffung bzw. des Einkaufs selbst Einfluss nehmen kann. Beim Kunden erfolgt keine aktive Kühlung des Weins. Zudem wird die Entsorgung der Kapsel, Korken, Kartonage dieser Phase zugerechnet. Die Entsorgungsphase umfasst das Recycling der Einwegglasflasche.

IV. Ergebnisse

Tabelle 36: Ergebnisdarstellung aller Lebenszyklusphasen

Lebenszyklusphase	Ergebnis (1 ha und 30 Jahre)	Einheit	g CO_{2e} pro 0,75 l Riesling
Rohstoffgewinnung	145.390,43	kg CO_2e	538,48
Produktion	49.657,40	kg CO_2e	183,42
Distribution	16.998,41	kg CO_2e	62,96
Nutzungsphase	14.287,56	kg CO_2e	52,92
Entsorgung-/Recycling	2.704,32	kg CO_2e	10,02
Gesamtsumme aller THG-Emissionen	**229.038,12**	kg CO_2e	
THG-Emissionen bezogen auf eine 0,75 Liter Riesling Flasche	850 g CO_2e		

Die Berechnung der Treibhausgasemissionen für den gesamten Produktlebenszyklus einer 0,75 Liter-Glasflasche Rieslingwein des Staatsweingutes Bad Kreuznach ergeben 850 g CO_2-Äq.

Ein besonders umfassender Faktor gemessen am Gesamtergebnis des PCF ist die Rohstoffgewinnung (538,48 g CO_2e), zu der neben den Aktivitäten in der Weinberganlage (219,59 g CO_2e) die Flaschenausstattung zählt (318,90 g CO_2e). Dies betrifft vorrangig den Herstellungsprozess der Flasche, dem 294 g CO_2e pro 0,75 Liter Riesling zuzuordnen sind.

Die Aktivitäten in der Weinberganlage betragen demnach 26 Prozent, gemessen an der gesamten Bilanz, die sich wie in Abb. 13 gezeigt unterteilen lassen. Die Material- und Arbeitsaufwendungen der Ertragsanlage nehmen mit 90 Prozent den größten Anteil an CO_2-Äquivalenten in dieser Phase ein, gefolgt von der Neuanlage mit 4 Prozent. Der Junganlage sowie der Abräumung des Weinbergs ist jeweils ein Anteil von 3 Prozent anzurechnen. Die Rebenpflanzguterzeugung ist mit einem Wert von 1,06 g CO_2e pro 0,75 Liter Riesling signifikant niedrig (Bezug: 1 Hektar => 4.500 Rebpflanzen).

Die Kellerwirtschaft nimmt mit allen Aufwendungen (Materialien, Strom, Transporte) 22 Prozent und damit 183,92 g CO_2e pro 0,75 Liter Riesling des Gesamtfootprints ein. Der größte Anteil entfällt hierbei auf die elektrischen Aufwendungen mit rund 170 g CO_2e. Auf den Einsatz der Materialien in der Kellerphase entfällt nur ein geringer Anteil.

Der zweithöchste Wert in der PCF-Erhebung wurde für die Distributionsphase, errechnet. Dieser Wert ist abhängig vom Einkaufsverhalten des Verbrauchers.

Die Umfrage innerhalb der Studie ergab, dass rund 64 Prozent der Kunden ihren Weineinkauf mit anderen Einkäufen verbinden, was den PCF des Weines wiederum positiv beeinflusst. Der Verbraucher kann den PCF des Weines verringern, indem er seinen Einkauf mit anderen Aktivitäten verbindet oder mehr als einen Karton Wein erwirbt und transportiert.

Bei der Betrachtung der Vertriebsarten entfallen auf den Speditionsversand 25,53 g CO_2e pro Flasche 0,75 Liter Riesling und auf den Wert des DPD-Versandes 3,36 g CO_2e.

Die Distributionsphase trägt mit einem Anteil von nur 7 Prozent nur einen geringen Anteil zur Treibhausgasmenge bei.

Die nachfolgenden Grafiken zeigen die Massenanteile des CO_2e-Ausstoßes der betrachteten Lebenszyklusphasen.

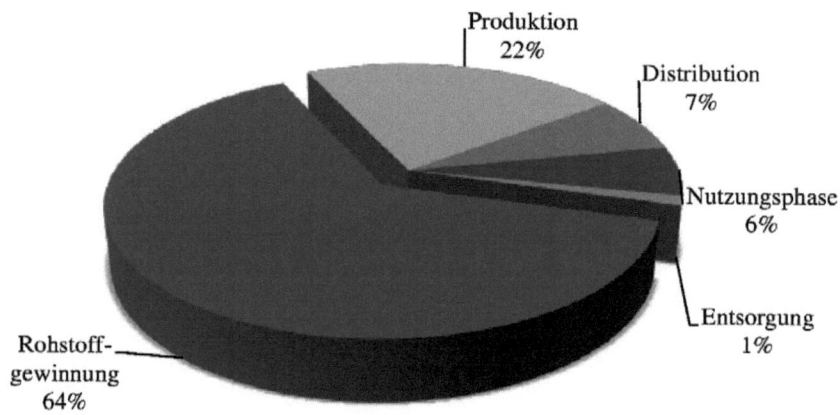

Abbildung 13 - Massenanteile am CO_2e-Ausstoß bei der Weißweinproduktion

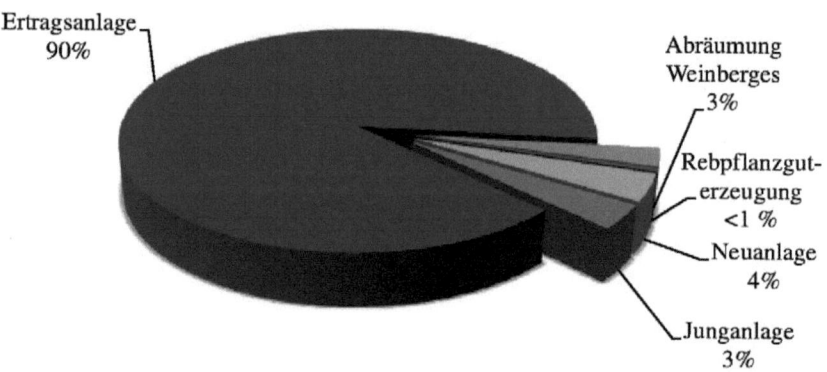

Abbildung 14: Massenanteile am CO_2e-Ausstoß in der Weinberganlage

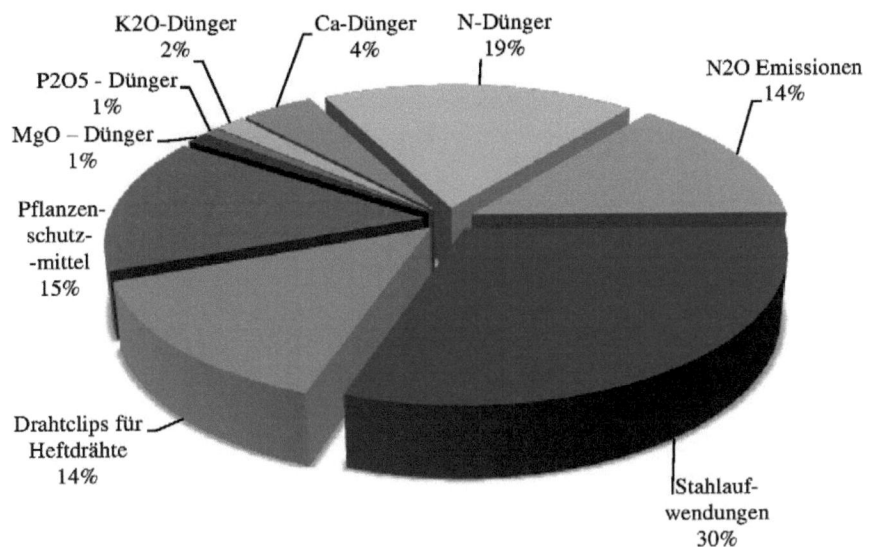

Abbildung 15: Massenanteile am CO_2e-Ausstoß in der Ertragsanlage

Abbildung 16: Massenanteile am CO_2e-Ausstoß durch die Verpackung

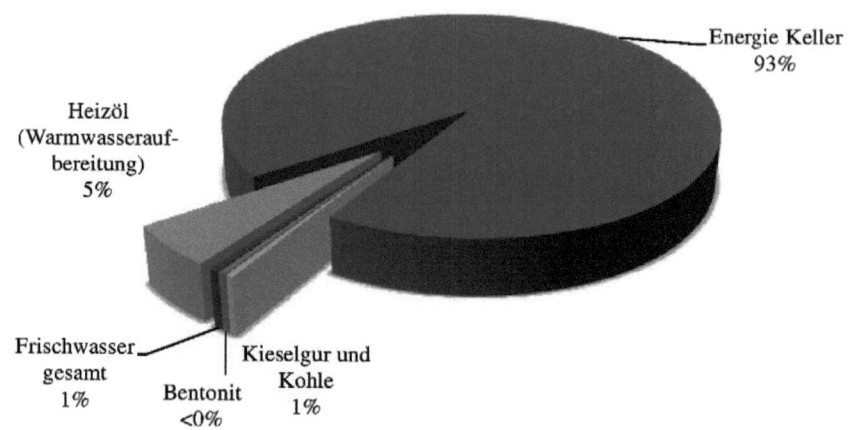

Abbildung 17: Massenanteile am CO_2e-Ausstoß in der Produktionsphase

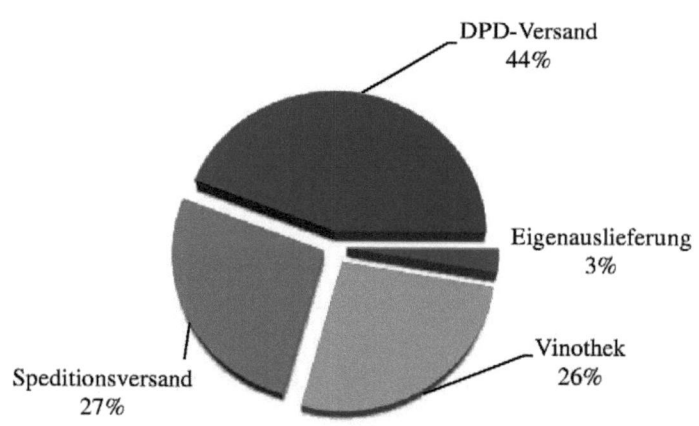

Abbildung 18: Massenanteile am CO_2e-Ausstoß in der Nutzungsphase

V. Sensitivitätsanalyse Nutzungsphase– Staatsweingut Bad Kreuznach

Ziel der Sensitivitätsanalyse ist es, zu ermitteln welche Auswirkungen variierende Modellannahmen auf die Entstehung von Treibhausgasemissionen innerhalb der Nutzungsphase haben können. In der Untersuchung wurden unterschiedliche Kriterien in Bezug auf die Transportentfernung und Einkaufsmenge zu Grunde gelegt (Vgl.. Tab. 37).

Tabelle 37: Szenarien innerhalb der Nutzungsphase

Grundlage für diese Szenarien innerhalb der Nutzungsphase ist die PCF-Erhebung des Staatsweingutes Bad Kreuznach (Vgl.. 3. Teil I-IV)				
Szenario	1	2	3	4
	Kriterien/Annahmen			
Transportstrecke (Hin-und Rückfahrt	Der Einkauf wird zu Fuß-oder mit dem Fahrrad getätigt	5 km	5 km	10 km
Wird die Einkaufsfahrt mit weiteren Einkäufen verbunden		Nein	Ja (20 kg Einkauf)	Ja (30 kg Einkauf)
Einkaufsmenge in Kartons (Inhalt: 6 Flaschen)		3	3	3
Dieselverbrauch Transport in l/km		0,06	0,06	0,06
Endergebnisse pro Flasche Riesling	0 kg CO2e	0,044 kgCO2e	0,036 kgCO2e	0,056 kgCO2e

Szenario 1 beinhaltet die Annahme:

Szenario 1 beinhaltet die Annahme, dass der Weineinkauf zu Fuß bzw. mit dem Fahrrad getätigt wird. Auf diese Art des Einkaufs entfallen keine Treibhausgasemissionen, die der Nutzungsphase angerechnet würden. Somit ergibt sich für das Endergebnis des Staatsweingutes Bad Kreuznach folgende Verteilung der einzelnen Lebenszyklusphasen.

Szenario 2 beinhaltet folgenden Annahmen:

- Für die Einkaufsfahrt wird ein PKW mit Dieselmotor benutzt, dessen durchschnittlicher Treibstoffverbrauch sechs Liter pro 100 km beträgt.

- Pro Einkaufsfahrt wird eine Strecke von insgesamt 5 Kilometern zurückgelegt; dabei entfallen je 2,5 Kilometer auf den Hin- und den Rückweg.
- Mit einer Fahrt werden 3 Pakete mit je sechs Flaschen transportiert.
- Die Lagerung des Weins beim Verbraucher erfolgt ohne Kühlung.

Aufgrund der o.g. Annahmen stellt sich die Berechnung der CO_2e-Emissionen der Produktnutzung wie folgt dar:

1. Das Gewicht einer verkaufsfertigen Flasche *Riesling- Staatsweingut Bad Kreuznach* beträgt 1,19 kg; der Versandkarton wiegt 0,19 kg. Damit ergibt sich:
   a) Gewicht dreier Weinpakete = 3 · (0,19 kg + 6·1,19 kg) = 21,99 kg

2. Der CO_2e-Faktor für die Nutzung des Diesel-PKW wurde der Ecoinvent-Datenbank entnommen („transport, passenger car, diesel, EURO4") und beträgt 0,16 kg CO_2e/pkm. Die CO_2e-Emissionen durch Gebrauch des PKW betragen insgesamt:

$$5 \text{ km} \cdot 0,16 \frac{\text{kg CO}_2\text{e}}{\text{pkm}} = 0,8 \text{ kg CO}_2\text{e}$$

3. Der Anteil einer Flasche an der gesamten Einkaufsfahrt berechnet sich zu:

$$\frac{21,99 \text{ kg}}{18} = 1,22 \text{ kg}$$

$$\frac{100}{21,99 \text{ kg}} * 1,22 \text{ kg} = 5,55 \%$$

Auf eine Flasche *Riesling* entfallen pro Einkaufsfahrt

$$0,8 \text{ kg CO}_2\text{e} \cdot 5,5 \% = \mathbf{0,044 \text{ kg CO}_2\text{e}}.$$

Szenario 3 beinhaltet folgenden Annahmen:

- Für die Einkaufsfahrt wird ein PKW mit Dieselmotor benutzt, dessen durchschnittlicher Treibstoffverbrauch sechs Liter pro 100 km beträgt.
- Pro Einkaufsfahrt wird eine Strecke von insgesamt 5 Kilometern zurückgelegt; dabei entfallen je 2,5 Kilometer auf den Hin- und den Rückweg.
- Mit einer Fahrt werden 3 Pakete mit je sechs Flaschen des Rieslings zzgl. einer Menge von 20 kg allgemeiner Einkaufs-Waren transportiert.
- Die Lagerung des Weins beim Verbraucher erfolgt ohne Kühlung.

Aufgrund der o.g. Annahmen stellt sich die Berechnung der CO_2e-Emissionen der Produktnutzung wie folgt dar:

4. Das Gewicht einer verkaufsfertigen Flasche *Riesling- Staatsweingut Bad Kreuznach* beträgt 1,19 kg; der Versandkarton wiegt 0,19 kg. Damit ergibt sich:
   a) Gewicht zweier Weinpakete = 3 · (0,19 kg + 6·1,19 kg) = 21,99 kg

   b) Gesamtgewicht der Einkäufe = 20 kg + 21,99 kg = 40,99 kg

5. Der CO_2e-Faktor für die Nutzung des Diesel-PKW wurde der Ecoinvent-Datenbank entnommen („transport, passenger car, diesel, EURO4") und beträgt 0,16 kg CO_2e/pkm. Die CO_2e-Emissionen durch Gebrauch des PKW betragen insgesamt:

$$5 \text{ km} \cdot 0{,}16 \frac{\text{kg CO}_2\text{e}}{\text{pkm}} = 0{,}8 \text{ kg CO}_2\text{e}$$

6. Der Anteil einer Flasche an der gesamten Einkaufsfahrt berechnet sich zu:

$$\frac{21{,}99 \text{ kg}}{40{,}99 \text{ kg}} \cdot \frac{1}{12 \text{ Fl.}} \cdot 100\,\% = 4{,}47\,\%$$

Auf eine Flasche *Riesling* entfallen pro Einkaufsfahrt

$$0{,}8 \text{ kg CO}_2\text{e} \cdot 4{,}47\,\% = \textbf{0{,}036 kg CO}_2\textbf{e}.$$

Szenario 4 beinhaltet folgenden Annahmen:

- Für die Einkaufsfahrt wird ein PKW mit Dieselmotor benutzt, dessen durchschnittlicher Treibstoffverbrauch sechs Liter pro 100 km beträgt.
- Pro Einkaufsfahrt wird eine Strecke von insgesamt 10 Kilometern zurückgelegt; dabei entfallen je 5 Kilometer auf den Hin- und den Rückweg.
- Mit einer Fahrt werden 3 Pakete mit je sechs Flaschen des Rieslings zzgl. einer Menge von 30 kg allgemeiner Einkaufs-Waren transportiert.
- Die Lagerung des Weins beim Verbraucher erfolgt ohne Kühlung.

Aufgrund der o.g. Annahmen stellt sich die Berechnung der CO_2e-Emissionen der Produktnutzung wie folgt dar:

7. Das Gewicht einer verkaufsfertigen Flasche *Riesling- Staatsweingut Bad Kreuznach* beträgt 1,19 kg; der Versandkarton wiegt 0,19 kg. Damit ergibt sich:
   a) Gewicht zweier Weinpakete = 3 · (0,19 kg + 6·1,19 kg) = 21,99 kg

b) Gesamtgewicht der Einkäufe = 30 kg + 21,99 kg = 50,99 kg

8. Der CO_2e-Faktor für die Nutzung des Diesel-PKW wurde der Ecoinvent-Datenbank entnommen („transport, passenger car, diesel, EURO4") und beträgt 0,16 kg CO_2e/pkm. Die CO_2e-Emissionen durch Gebrauch des PKW betragen insgesamt:

$$10 \text{ km} \cdot 0,16 \frac{\text{kg CO}_2\text{e}}{\text{pkm}} = 1,6 \text{ kg CO}_2\text{e}$$

9. Der Anteil einer Flasche an der gesamten Einkaufsfahrt berechnet sich zu:

$$\frac{21,99 \text{ kg}}{50,99 \text{ kg}} \cdot \frac{1}{12 \text{ Fl.}} \cdot 100 \% = 3,59 \%$$

Auf eine Flasche *Riesling* entfallen pro Einkaufsfahrt

$$1,6 \text{ kg CO}_2\text{e} \cdot 3,5 \% = \mathbf{0,056 \text{ kg CO}_2\text{e}}.$$

Resultat:

Die Sensitivitätsanalyse zeigt, dass die Ergebnisse der Nutzungsphase von der Art des Transportmittels sowie vom Einkaufsverhalten des Kunden abhängig sind. Wird der Einkauf mit weiteren Aktivitäten verknüpft, können die Treibhausgasemissionen wie die Szenarien 2 und 3 zeigen, um ca. 18 Prozent gesenkt werden. Diesen Szenarien wurden die gleichen Annahmen bezüglich der Einkaufsmenge und Anfahrtsstrecke zu Grunde gelegt mit dem Unterschied, dass die Einkaufsfahrt mit einer weiteren Aktivität bzw. Transportfahrt verbunden wurde. Verdoppelt man in Szenario 4 die Entfernung der Einkaufsfahrt in Verbindung mit einem zusätzlichen Einkauf von 30 kg, so erhöht sich der PCF um ca. 55 Prozent.

Wird die Einkaufsfahrt, wie Szenario 1 verdeutlicht, zu Fuß oder mit dem Fahrrad getätigt, entfallen auf die Nutzungsphase keinerlei Treibhausgasemissionen. Die Unternehmen können in der Kundenkommunikation darauf hinwirken, die Konsumenten zu sensibilisieren ihr Einkaufsverhalten entsprechend anpassen.

Teil 4 – Übergreifende Schlussfolgerungen

I. Reduktionsmaßnahmen

Das Ergebnis eines Product Carbon Footprints spiegelt die Analyse bzw. die Bewertung von Stoff- und Energieströmen wieder und bietet somit Ansätze zur Ausrichtung eines zukunftsorientierten Ressourcenmanagements. Im nachfolgenden wird auf Maßnahmen bzw. mögliche Optimierungswerkzeuge, die zu einer CO_2-Einsparung im Betrieb führen, eingegangen. Inwieweit diese mit welchen Bemühungen und Aufwendungen in die Strukturen des Betriebes integriert werden können, bleibt letztendlich eine Entscheidung der Betriebsführung unter Berücksichtigung ihrer zukünftigen Ausrichtung und angestrebten Ziele.

Innerhalb der Weinberganlage besteht die Möglichkeit, Optimierungsmaßnahmen auf den Themenbereich Energieeffizienz auszurichten. In der Regel sind bereits Flurbereinigungsverfahren, die in erster Linie zur Stärkung der Wirtschaftlichkeit, der Wettbewerbsfähigkeit und vor allem der Produktivitätssteigerung eines Betriebes beitragen sollen, weitestgehend durchgeführt.
Zu den typischen Strukturmängeln im Rebland zählen zu kleine, unzweckmäßig geformte Bewirtschaftungszellen mit fehlender Parallelität, zu kurzen Rebzeilen und Grenzabständen, was im Ergebnis auf eine unzureichende Erschließung hindeutet. So beträgt in Rheinhessen die durchschnittliche Anzahl an Rebgrundstücken pro Betrieb 11,5 sowie deren durchschnittliche Größe 0,26 Hektar.[68] Als Folgen davon lassen sich ein hoher Arbeitsaufwand, ein erhöhter Maschinenverschleiß und vor allem Kosten für die Bewirtschaftung ableiten. Die fehlende Parallelität der Rebzeilen, schlechte Wende- und Zufahrtsmöglichkeiten haben wiederum höhere Dieselaufwendungen zur Folge, die sich negativ auf die CO_2-Bilanz auswirken. Über Jahre betrachtet würden hier Umstrukturierungen wahrscheinlich langfristig Einsparpotenziale darstellen. Oftmals können sich Flurbereinigungen aber auch negativ auf den Natur-und Landschaftsschutz auswirken. Es besteht die Möglichkeit naturschutzrelevante Kleinstrukturen die insbesondere an weggefallenen Flurgrenzen liegen zerstört werden.
  Das Flurbereinigungsgesetz (FlurbG) stellt hierbei mit seiner breiten Palette von Bodenordnungsinstrumenten verschiedene Verfahrensarten bereit. Im Rebverfahren können zersplitterte, geformte, kleine, schlecht erschlossene Rebflurstücke neu geordnet werden. Die Umsetzung bedarf in den meisten Fällen hoher planerischer Anforderungen unter Berücksichtigung des Naturschutzes und der Landschaftspflege. Neben dem hohen baulichen Aufwand sind diese Maßnahmen mit einer großenfreiwilligen Mitwirkungsbereitschaft der anliegen-

---

[68] DLR Rheinhessen-Nahe-Hunsrück, Bad Kreuznach, Abteilung Landentwicklung und Bodenordnung, 2010.

den Flächeneigentümer und zudem mit hohen Kosten verbunden. Ein Kosten/NutzenVergleich einer im Direktzug bewirtschafteten Fläche ergab, dass sich nach der Flächenzusammenlegung, bei der die Bewirtschaftungsanlage 2000 m² vor und 75.000 m² nach der Bereinigung betrug, eine Kostenminderung zwischen 330-511 Euro pro Hektar und Jahr erzielen lässt.
Bei der Ausrichtung breiterer Rebzeilen in Verbindung mit einer hochmechanisierten Bewirtschaftungsweise würde die Einsparungsmöglichkeit zudem auf 665 bis 810 Euro pro Hektar und Jahr erhöht werden können[69]. Neben der Kosteneinsparung, die sich aus der Optimierung der einzelnen Arbeitsvorgänge nach der neuen Flächengestaltung ergibt, führt diese Veränderung im Umkehrschluss auch zu positiven Veränderung der CO_2-Bilanz (Energieeinsparung, Verkürzung der Wegezeiten/Bearbeitungszeiten).

Optimierung der Arbeitsvorgänge

Es ist zu empfehlen, die Arbeitsvorgänge wie z.B. den Laubschnitt oder das Entblättern mit der Bodenpflege zu kombinieren. Die Anzahl der jährlichen Durchfahrten in den Rebzeilen kann somit gemindert und Diesel eingespart werden.

Saubere Luftfilter und Kühler sowie eine Sparzapfwelle beim Traktor reduzieren außerdem den Kraftstoffverbrauch. Eine Messung der Verbräuche einzelner Arbeitsvorgänge schärft das Bewusstsein für die Beeinflussung des Kraftstoffverbrauchs.[70] Auch im konventionellen Weinbau kann eine vermehrte Förderung von Begrünungen, Blühsaaten und Leguminosen standortbezogen von Vorteil sein. Hiermit kann der Weinberg den größten Teil seines Humusbedarfes selbst decken, das Bodengefüge im Unterboden stabilisieren und das Risiko einer Erosion oder Verschlämmung kann verringert werden. Die Auswaschung von Düngemitteln wie Stickstoff oder Phosphor in die Oberflächengewässer würde vermindert und somit auch die Eutrophierung der Gewässer. Ein weiterer Effekt der Gründüngung ist, dass Leguminosen mithilfe der Rhizobiumbakterien in der Lage sind, Luft-Stickstoff zu binden, der den Reben und dem Boden im Frühjahr nach Umbruch zur Verfügung steht. Somit würde Stickstoff-Dünger eingespart, dessen Herstellung äußerst energieaufwändig ist. Diese Maßnahmen sind dem Standort individuell, je nach den klimatischen und bodenkundlichen Gegebenheiten, anzupassen und tragen zur CO_2-Minderung bei. Die Nährstofffreisetzung über Mineralisierung ist dem Bedarfsrhythmus der Reben anzupassen. Bodenbearbeitung ist deshalb nur im Frühjahr und Frühsommer durchzuführen. Herbst

---

[69] Gutachten Dr. Adams, SLFA Neustadt (Pfälzer Bauer/Landbote 6/1997).
[70] Richard Grünewald, , Vortrag Oppenheim 03/2012.

und Winterbearbeitung sind zu unterlassen. Über Winter müssten die Rebzeilen begrünt sein.

In der Kellerwirtschaft können folgende Maßnahmen zur Reduzierung des Stromverbrauches und der Emissionen von THG beitragen:[71]

- Austausch von alten Pumpen, Einbau von frequenzgesteuerten Pumpen
- Einsatz von LED- oder Energiesparlampen (im Keller und auch in der Vinothek)
- Optimierung von Kühlaggregaten
- Isolierung von Kühlanlagen
- Bedarfsgerechte Regelung der Tankkühlung
- Zeitgesteuerte Kühlung
- Weitere Optimierung von Arbeitsabläufen
- Sensibilisierung der Mitarbeiter im Hinblick auf den Material- und Energieverbrauch

In Bezug auf die Flaschenausstattung ist zu prüfen, ob der Einsatz leichterer Weinflaschen realisiert werden kann, denn Flaschen mit geringerem Gewicht entlasten nicht nur die Rohstoff- und Energiebilanz während des Herstellungsprozesses, sondern senken vor allem die Kohlendioxid-Emissionen während des Weintransportes.

Der *Eff-Check*, ein Projekt des Effizienznetzes Rheinland-Pfalz, bietet zudem die Möglichkeit, Optimierungsmaßnahmen individuell auf die Betriebseinrichtung abzustimmen.[72] Dies umfasst Kellerei, Verwaltung und Betrieb.

Das Staatsweingut Bad Kreuznach ersetzte seine bisherige energieintensive Raumkühlung durch eine Einzeltankkühlung. Hierdurch können jährlich 492 kg CO_2e eingespart werden, was auf die Flasche bezogen einem Wert von 49,2 g CO_2e entspricht. Für die Vinothek wird ein neues Beleuchtungskonzept entwickelt, um auch im Bereich des Vertriebs zukünftig weitere Energieeinsparungen vornehmen zu können. Die Ergebnisse der PCF-Erhebung des Staatsweingutes Bad Kreuznach werden in das Modul „Zukunftsfähiger Weinbau" der Technikerausbildung des Dienstleistungszentrum Ländlicher Raum als ein neuer Themenbereich der Nachhaltigkeit mit eingebunden. Jungen Winzern werden auf

---

[71] Die folgenden Empfehlungen basieren auf einem LUWG-Bericht 8/2011 zur Ressourceneffizienz in Weinbau und Kellerwirtschaft – Maßnahmen der Optimierung von Ökonomie und Ökologie.
[72] Der EffCheck PIUS–Analysen in Rheinland–Pfalz, Dipl.-Ing. (FH) Robert Weicht, Landesamt für Umwelt, Wasserwirtschaft und Gewerbeaufsicht (LUWG); Vortrag Oppenheim 2012.

diesem Wege die Methodik und der Nutzen des Product Carbon Footprint vermittelt.

Eine weitere Variante zur Abfüllung des Weines stellt die PET-Flasche dar. Untersuchungsergebnisse zeigen, dass nur teilweise erkennbar ist, dass die PET-Variante sauerstoffdurchlässiger als die Glasflasche ist und kann je nach Variante eine ebenfalls gute Möglichkeit der Flaschenabdichtung darstellen[73]. Auch eine Untersuchung der Bag-in-Box Variante erwies sich als eine generell akzeptable Alternative. Bei geöffnetem Behälter konnte hier über einen längeren Zeitraum eine gleichbleibende Weinqualität nachgewiesen werden, was sich besonders in der Gastronomie bewähren könnte.

II. Der CO_2-Emissionsrechner im Weinbau

Aufgrund der Tatsache, dass viele Programme zur Ökobilanzierung trotz ihrer Vielfältigkeit „Expertentools" sind, die für eine vollständige Ausnutzung aller Programmfunktionen eine verhältnismäßig lange Einarbeitungszeit erfordern, wird der Anwenderkreis dieser Softwareprogramme zur Ökobilanzierung erheblich eingegrenzt. Es ist daher wenig wahrscheinlich, dass sich Winzer, die sich eigenständig der PCF-Erhebung zuwenden möchte, neben der Anschaffung des Programmes in eine relativ lange und teure Einarbeitungszeit investieren möchten. Aufgrund der Pflege der Weinreben über das ganze Jahr mit der Weinlese als Höhepunkt jeden Jahres sind die Zeitressourcen eines Winzers in der Regel sehr begrenzt, wobei hier die Betriebsstrukturen eine maßgebliche Rolle spielen. In einem KMU ist die PCF-Erhebung kein Arbeitsprozess, der sich problemlos in die alltägliche Arbeit eingliedern lässt. Doch neben den großen Weinproduzenten, die eine PCF-Bilanzierung vorrangig mit dem Hintergrund einer Schwachstellenanalyse des Produktionsprozesses durchführen, sind es gerade die Betriebe mit einer klein- und mittelständischen Struktur, die bewusst von den Kunden mit dem Thema der Nachhaltigkeit konfrontiert werden. Dies betrifft vorrangig Fragen zu Flaschenausstattungen, speziell zu unterschiedlichen Flaschen, Verschlüssen und Verpackungsvarianten. Aus diesem Grund wurden die ermittelten Daten und Systemgrenzen der Studien zur Grundlage für die Entwicklung des „CO_2-Rechners" in Form eines standardisierten Excel-Tools genutzt, um interessierten Winzern die Möglichkeit zu eröffnen, eigenständig einen produktbezogenen Kohlendioxid-Fußabdruck für ihre Weine zu ermitteln.

---

[73] Einsatz energieeffizienter Verpackungssysteme bei Wein, Dr. Rainer Jung Fachgebiet Kellerwirtschaft der Forschungsanstalt Geisenheim; Oppenheim 2012.

Funktionsweise/Aufbau des CO_2-Emissionsrechner

Über eine Einstiegsseite hat der Anwender die Möglichkeit, zwischen zwei Modulen zu wählen.

Abbildung 19: Einstiegsseite des CO_2-Emissionsrechner im Weinbau

Modul 1 - *„Datenblätter zur Erhebung des produktbezogenen CO_2-Fußabdruckes"* - basiert auf Grundlage von zehn erarbeiteten Datenblättern (mit Bezug auf dem Weinbau) zur Erhebung des Product Carbon Footprint mit einer entsprechenden Ergänzung bzw. Anpassung in Richtung des ökologischen Weinanbaus. Die Datenblätter sind im angepassten, druckbaren Format für die betriebseigene Erhebung hinterlegt.

Modul 2 - *„Datenerfassung und Berechnung des CO_2-Fußabdruckes"* - ist ein elektronisches Tool, das die Erfassung folgender Prozessphasen einer Weinflasche ermöglicht:

- Erfassung von Basisdaten (Nutzungsdauer der Anlagen, Flaschenjahresproduktionen, Versandarten usw.)
- Rohstoffgewinnung/Herstellung/Transport der Materialien zur Weinberganlegung

- Herrichtung und Bewirtschaftung der Weinberganlage
- Rohstoffgewinnung/Herstellung/Transport der Rohstoffe zur Weinherstellung und Verpackungsmaterialien
- Weinproduktion in der Kellerwirtschaft
- Transport des Weins zum Kunden je nach Vertriebsart (LKW, Zug, Schiff, Flugzeug)
- Nutzungsphase durch den Kunden (inkl. Einkaufsfahrt)
- Entsorgung bzw. Recyclingphase

Nach Abschluss aller erhobenen Daten der einzelnen Prozessphasen berechnet das Programm für jede Lebenszyklusphase das Ergebnis, ausgegeben in CO_2-Äquivalenten.

Nähere Infos zur Funktionsweise des CO_2-Emissionsrechners finden Sie unter: http://iesar.fh-bingen.de

III. Fazit und Ausblick

Der Product Carbon Footprint hat sich als grundsätzlich geeignetes Instrument erwiesen, potenzielle Reduktionspotenziale für Treibhausgase entlang des gesamten Produktlebenszyklus zu erschließen.

Den zentralen Punkt zur Ermittlung des PCF stellt die Datenaufnahme innerhalb des Betriebes dar. Dabei sollte sich die Bilanzierung vorrangig auf Primärdaten stützen. Ist dies innerhalb mancher Prozessschritte nicht möglich, sind Sekundärdaten zu verwenden oder weitergehende Annahmen zu treffen. Der Untersuchungsrahmen bietet die erste wichtige Grundlage zur Erarbeitung aussagekräftiger Datenblätter. An dieser Stelle gilt es genau abzuwägen, wie und in welcher Tiefe die Datenerhebung erfolgen muss.

Gezielte Abfragen in Form von Datenblättern ermöglichen es, den groben Bilanzierungsrahmen der einzelnen Prozessphasen vorab einzugrenzen und auf deren Grundlagen mit dem verantwortlichen Projektpartner beliebig zu erweitern bzw. zu reduzieren. Im Falle des Staatsweingutes wurden die Datenblätter auf die einzelnen zuständigen Abteilungen verteilt, um sie eigenständig je nach Zeitkapazität ergänzen zu können. Die Verteilung der Datenblätter in ausgedruckter tabellarischer Form erwies sich zur direkten handschriftlichen Ergänzung in der ersten Phase als sehr vorteilhaft.

Nach einer ersten umfangreichen detaillierten Erhebung erfolgten parallel Begehungen im Unternehmen, bei denen die Leistungsdaten der Maschinen vor allem in der Kellerwirtschaft ermittelt und zudem alle Prozessschritte nochmals veranschaulicht wurden. So konnte im Falle des Herstellungsprozesses der erste Entwurf der Prozesslandkarte ergänzt und nochmals konkretisiert, sowie mögliche Kriterien definiert werden. Jede der zuständigen Abteilungen (Weinanbau, Kellerwirtschaft, Verkauf, Bodenordnung) mit ihren Mitarbeitern war bei der Datenaufnahme engagiert und stand für Rückfragen jederzeit persönlich und telefonisch zur Verfügung. Informationen für die Lebenszyklusphase der Rohmaterialien wurden direkt bei den Zulieferern, bei denen es sich um regional ansässige Firmen handelt, telefonisch ermittelt. Die Beschaffung von Emissionsfaktoren für die chemischen Zusatzstoffe bei der Weinherstellung gestaltete sich zeitintensiv und schwierig, konnte aber auf Nachfrage bei externen Firmen ermittelt werden.

Zur Berechnung der Distributions- und Nutzungsphase konnte auf umfangreiche Vertriebslisten der Vinothek des letzten Jahres zurückgegriffen werden, sodass sich die in der Praxis oftmals mit vielen Annahmen behaftete Nutzungsphase durchaus detailliert darstellen ließ.

Anhand der auf diesem Wege gesammelten Vielzahl von Primärdaten war es möglich, ein aussagekräftiges Ergebnis der insgesamt freigesetzten Treibhausgasmengen des Weines zu berechnen.
Als wichtig hat sich erwiesen, dass ein zentraler Ansprechpartner innerhalb des Betriebes vorhanden ist sowie der Einbezug von Mitarbeitern aus den jeweiligen Fachabteilungen erfolgt. Neben dem Fachwissen sind es oftmals die langjährigen Erfahrungswerte aus der Praxis, die eine Datenerfassung ermöglichen.

In der Weinproduktion stellte sich das Spätfrühjahr als ein geeigneter Zeitpunkt für eine Datenerhebung dar, da hier erfahrungsgemäß die Arbeitsauslastung geringer ist als im Herbst. Daten zu einzelnen Arbeitsschritten wie beispielsweise der Bodenbearbeitung, Stockpflege, die Ausbringmengen/ Aufwendungen von Dünger und Pflanzenschutzmitteln können zu diesem Zeitpunkt bei Bedarf noch primär in der täglichen Arbeitspraxis erhoben werden. Fehlende Daten, die eventuell Messungen bzw. Untersuchungen voraussetzen, können zeitnah im Herbst bei der Lese und Weinproduktion ergänzt werden. Um einen auf möglichst vielen Primärdaten basierenden Footprint zu erhalten, sollte der Zeitraum zur Datenerhebung in der Weinproduktion idealerweise auf einen halbjährigen Zeitraum von Mai bis Oktober ausgelegt sein. Neben der Festlegung des Erhebungszeitraumes sind vorrangig die Vorstellungen und Zielsetzungen des Betriebes zu beachten. Jedoch sollte berücksichtigt werden, dass sich die Suche nach Literatur und Vergleichsdaten sehr zeitaufwendig gestalten kann. In vielen Fällen kann bei der Erhebung bereits auf eine vorhandene Datenbasis zurückgegriffen werden. Deshalb kann der gezielte Einbezug der Betriebsstrukturen von Bedeutung sein. So können betriebswirtschaftliche Daten bereits in den kaufmännischen Abteilungen oder Fachabteilungen auf kurzem Wege abgerufen werden.

Die Ausrichtung der Erhebung sollte in Verbindung mit der innerbetrieblichen Zielsetzung bzw. des Nutzens zur Entscheidung der PCF-Erstellung stehen. Empfehlungen zur Emissionsminderung einzelner Prozesse können zu betrieblichen Veränderungen führen. Diese Veränderungen könnten durch eine zeitnahe Überprüfung der Bilanzierung mit einbezogen und auf ihren Nutzen hin zu einer geringeren Treibhausgasbilanz überprüft werden.

Schließlich stellt sich die Frage, wie die Ergebnisse zu den Kunden kommuniziert werden können. Dies hängt vorrangig von den Vertriebsstrukturen und -strategien des Betriebes ab. Hier können seitens des Bilanzierers, unabhängig von dem methodischen Stand der Normung und rechtlichen Bedingungen, nur Empfehlungen ausgesprochen werden.

Sinnvoll ist eine vorherige Absprache, wie die Dokumentation und Darstellung der Daten und Ergebnisse zu der angedachten Kommunikationsstrategie passt. Darüber hinaus sollten Sensitivitätsanalysen in der Bilanzierung durchgeführt werden, um Unsicherheiten und Begrenzungen der Studie zu verdeutlichen, aber auch Handlungsoptionen aufzuzeigen.

Bei einer geplanten Werbemaßnahme mit dem Carbon Footprint ist darauf zu achten, die angewandte Methode zur Ermittlung des PCF anzugeben. Wurde der PCF im Rahmen einer weitergehenden Ökobilanz erstellt, darf im Falle eines niedrigen PCF keine „generelle" Aussage zur „Umweltfreundlichkeit" des übrigen Unternehmens abgeleitet werden, wenn andere im Rahmen der Bilanz untersuchte Umweltaspekte nachteilig sind[74]. Wichtig ist in diesem Zusammenhang der Hinweis, dass die Erhebung des PCF speziell auf die Wirkkategorie des Klimas ausgerichtet ist. Negative Beeinträchtigungen weiterer Schutzgüter wie Wasser, Boden Pflanzen und Tiere sind von der Bewertung ausgenommen.

Zur Realisierung eines zukunftsorientierten Ressourcenmanagements kann der PCF jedoch nur eine Teilkomponente darstellen. Ein Produktvergleich - wie beispielsweise eine ökologische Bewirtschaftungsweise im Vergleich zu einer

---

[74] Vgl.. Fall „Danone": Deutsche Umwelthilfe (25.07.2011): Danone führt Verbraucher mit Werbung für Joghurtbecher aus Biokunststoff in die Irre. http://www.duh.de/pressemitteilung.html?tx_ttnews[tt_news]=2659

konventionellen Bewirtschaftung bewertet und kommuniziert werden kann - sollte nur bedingt erfolgen.

Um Energieeinsparpotenzial zu analysieren, ist der PCF ein richtiger Schritt zu einer nachhaltig ausgerichteten Betriebsführung. Zudem verhilft er unter Berücksichtigung einer Vielzahl von Einflussgrößen zu einem besseren Überblick über den Energieeinsatz und die Klimawirksamkeit im Produktlebenszyklus und bietet gezielte Entscheidungsmöglichkeiten zur Optimierung der Betriebsprozesse.

Quellenverzeichnis

Abbot, J.: What is a Carbon Footprint? Report, Version 2, Edinburgh, Midlothian 2008.

Amorim Cork Deutschland GmbH & Co. KG: Der Naturkorken, http://www.amorim-cork.de/produktkatalog_naturkorken.htm.

Bakan, S.; Raschke, E: Der natürliche Treibhauseffekt. In: Promet, Meteorologische Fortbildung, 28. Jahrgang, Heft 3/4, 2002, Wetter Wetterdienst (Hrsg.), Offenbach am Main; 2002.

Benetka, M.: „ Die Bedeutung von CO_2-Emissionen für die Transport- und Logistikbranche", Schriftenreihe des Instituts für Transportwirtschaft und Logistik, Nr. 6 (2009 VER), Wien.

Brechmann, G., Dzieia, W., Hörnemann, E., Hübscher, H., Jagla, D., Klaue, J.: Elektrotechnik Tabellen Energie-/Industrieelektronik, 4. Aufl., Westermann-Verlag Leipzig, S. 303; 1999.

Bundesanstalt für Landwirtschaft und Ernährung (BLE): Leitfaden Nachhaltige Biomasseherstellung, www.dnz.de/bioethanol/BLE_Leitfaden Nachhaltige Biomasseherstellung.pdf 2010.

Bundesverband der Deutschen Industrie e.V. (BDI): Klima und Nachhaltige Entwicklung, Product Carbon Footprinting richtig verstehen. Positionspapier 2. Juli 2009.

Bundesministerium für Bildung und Forschung (BMBF): Herausforderung Klimawandel, Berlin, 2003.

Bundesministerium für Umwelt, Naturschutz und Reaktorsicherheit (BMU): Investitionen für ein klimafreundliches Deutschland, Potsdam, 2008.

Bundesministerium für Umwelt, Naturschutz und Reaktorsicherheit (BMU); Bundesverband der Deutschen Industrie e.V. (BDI); (Hrsg.): Produktbezogene Klimaschutzstrategien. Product Carbon Footprint verstehen und nutzen, 1. Auflage, Berlin, 2010.

Burger, E.; Meixner, O.; Pöchtrager, S.: Carbon Footprint bei Lebensmitteln Inhaltsanalytische Ermittlung relevanter Berechnungskriterien. Schriftenreihe des Instituts für Marketing & Innovation, Band 5, Wien: Institut für Marketing & Innovation, ISSN 2074-1022; 2010.

Buse, J.; Liebach, J-U.; Gnebner, D.; Schumacher, S.: Der Product Carbon Footprint (PCF) – CO_2-Bilanzierung für Produkte. In Der Umweltbeauftragte, 16 Jahrgang, November 2008; Deutsche Gesellschaft für Holzforschung e.V. (Hrsg.) (1997): Ökobilanz Holz München.

Deutscher Speditions- und Logistikverbund e.V. (Hrsg.): Berechnung von Treibhausgasemissionen in Spedition und Logistik, April 2011.

Deutsches Weininstitut: Deutscher Wein Statistik; 2011/2012; Mainz.

DIN EN ISO 14040: Umweltmanagement – Ökobilanz- Grundsätze und Rahmenbedingungen.; 2009.

dm-folien GmbH: Stretchfolien – dm Folien, http://www.stretchfolie.net/.

Drahtwerk Köln GmbH: CRAPAL®. . . der optimierte Korrosionsschutz mit Werksgarantie, http://www.de.dwk-koeln.de/dwk/articles_crapal/id/40.

Dresen, B.; Herzog, M.: Carbon Footprint von Produkten (CPF) - Bilanzierung in kleinen und mittleren Unternehmen, Oberhausen, Aachen, In Ökobilanzierung 2009; Ansätze und Weiterentwicklungen zur Operationalisierung von Nachhaltigkeit, Tagungsverband Ökobilanz Werkstatt, Freising 2009.

Endlicher, W.; Gerstengarbe, F.W. (Hrsg.): Unternehmen und Industrie. Die neue KMU Definition. Benutzerhandbuch und Mustererklärung, 2006.

Europäische Kommission: Unternehmen und Industrie. Die neue KMU Definition. Benutzerhandbuch und Mustererklärung, 2006.

Feifel, S.; Walk, W.; Wursthorn, S.; Schebek, L. (Hrsg.): Ökobilanzierung 2009 – Ansätze und Weiterentwicklungen zur Operationalisierung von Nachhaltigkeit, Tagungsverband Ökobilanz-Werkstatt 2009, Freising, ISBN: 98-3-86644-421-8.

Freund, M.: Wo liegen die Chancen eines nachhaltigen Ressourcenmanagements in der Kellerwirtschaft; Feb. 2012.

Gerber, D.: Carbon Footprint: Was ist das?; SIGG, Bronschhofen; 2011

GHG PROTOCOL: The Greenhouse Gas Protocol - A corporate Accounting and Reporting Standard, Revised Edition, WRI/WBCSD, ISBN 1-56973-568 9, Conches-Geneva, Washington; 2004.

GHG PROTOCOL: The Greenhouse Gas Protocol – A Corporate Accounting and Reporting Standard Revised Edition. World Business Council for Sustainable Development / World Resources Institute; 2006.

GHG PROTOCOL: The Greenhouse Gas Protocol Initiative – Product Accounting & Reporting Standard, Draft for Stakeholder Review, WRI/WBCSD, Nov. 2010.

Glasze, G.: Die Glasherstellung im Landkreis Mainz Bingen, Glashütte Budenheim GmbH, März 2009.

Greitemann, P.; Urban, B.; Trinc, M.; Zhu, A.: Ökobilanz. Programme zur Erstellung einer Ökobilanz. Technische Universität München, SS 2009.

Grießhammer, R.: Carbon Footprint – Fußabdrücke für ein besseres Klima? Handel und Hersteller denken über CO_2-Label für Produkte nach. In eco@work, Öko-Institut e.V.(Hrsg.): Wirtschaft mit Werten – Rhetorik oder Realität?, Januar 2008, ISSN 1863-2017.

Heinrich Gültig Korkwarenfabrikation GmbH: G-Cap® long Schraubverschluss made by CSI, http://www.gueltig.com/index.php?id=444&L=1%20AND%201%3D1--.

International EPDsystem (2011): Wine download PCR, http://www.environdec.com/ServeDocument.aspx?did=7164&dp=aHR0cCUzQSUyRiUyRmdyeXBob24uZW52aXJvbmRlYy5jb20lMkZkYXRhJTJGZmlsZXMlMkYyNiUyRjcxNjQlMkZwY3Y3IxMDAyX3YxLjEucGRm&dex=pdf&l= en, abgerufen am 6. Februar 2012.

Günberg, J.; Nieberg, H.; Schmidt, T.G.: Treibhausgasbilanzierung von Lebensmitteln (Carbon Footprints): Überblick und kritische Reflexion. In Johan Heinrich von Thünen-Institut (Hrsg.): Landbauforschung vTI Agriculture and Forestry Research, Vol. 60 No. 2, 06 2010, ISSN 0458-6859 Hamburg.

Institut für Umweltinformatik (IFU) Hamburg GmbH: Umberto for Carbon Footprint, v1.0, User Manual. DocVersion: 1.7, February 2011; Umberto for Carbon Footprint. Software für die Ermittlung des CO_2-Fußabdruckes, o.J.

IPCC: Zusammenfassung für politische Entscheidungsträger. In: Klimaänderung 2007: Wissenschaftliche Grundlagen. Beitrag der Arbeitsgruppe I zum Vierten Sachstandsbericht des Zwischenstaatlichen Ausschusses für Klimaänderung (IPCC), Solomon, S., D. Qin, M. Manning, Z. Chen, M. Marquis, K.B. Averyt, M.Tignor und H.L. Miller, Eds., Cambridge University Press, Cambridge, United Kingdom und New York, NY, USA. Deutsche Übersetzung durch ProClim-, österreichisches Umweltbundesamt, deutsche IPCC-Koordinationsstelle, Bern/Wien/Berlin; 2007.

ISO 14067: Carbon Footprint of products – Part 1: Quantification, ISO/CD 1067-1 and Carbon Footprints of products – Part 2: Communication, ISO/CD 14067-2.

Jung, R.; Schüssler, C.: Alternative Flaschenverschlüsse für Wein; KTBL, Darmstadt; 2010.

Kärcher Shop & Service Schreiber: Kärcher Online Shop, http://www.kaerchershop-schreiber.de/krcher-hd-511-c-p-56571.html?osCsid=2b5c8e915b4c1e8fbad7e23bb4a0e254.

Kiefer, H.J.; Wirsam, J.: Ökobilanzierung von Lebensmitteln; 2010; HARLAND-Media, Lichtenberg (Odw.).

Kolesch, H.: Nachhaltigkeit – Schlagwort oder ernst zu nehmende Herausforderung, Tagungsband zur 56. Wintertagung; DLR Bad Kreuznach 2012.

Kiefer, H.J.; Wirsam, J.: Ökobilanzierung von Lebensmitteln; 2010; HARLAND-Media, Lichtenberg (Odw.).

Kranke / Schmied / Schön: CO_2-Berechnung in der Logistik; Verlag Heinrich Vogel, 1. Auflage 2011.

KTBL-Schrift 465: Anlage und Bewirtschaftung von Weinbergsterassen; KTBL, Darmstadt; 2008.

Kuchling, Horst: Taschenbuch der Physik, 18. Auflage, Fachbuchverlag Leipzig; 2004.

Meidinger, F.: Kellerwirtschaft; Verlag Eugen Ulmer, Stuttgart; 1984.

Parker, D.E.: Kellerwirtschaft; Verlag Eugen Ulmer, Stuttgart; 1984.

Paul, F.; Kääb; A.; Maisch, M.; Kellenberger, T. & Haeberli, W.: (2003)) was beschreibt das in den Alpen die Gletscher seit Beginn der Industriellen Revolution mehr als um die Hälfte ihrer Massen verloren.

PCF Piloprojekt Deutschland: Ergebnisbericht: Product Carbon Footprinting – Ein geeigneter Weg zu Klimaverträglichen Produkten und deren Konsum? Erfahrungen, Erkenntnisse und Empfehlungen aus dem Product Carbon Footprint Pilotprojekt Deutschland, Ergebnisbericht, Berlin; 2009.

Rahmstorf, S.; Schnellnhuber, H.J.: Der Klimawandel, 2007.

Roller, G.; Nuphaus, L.; Walter, J.: Der Produkt Carbon Footprint als Instrument für den Klimaschutz; März 2012.

Schmidt, R., Klöble U., 2007: „Kennzahlen für die Kontrolle im ökologischen Weinbau" (2007), KTBL-Schrift 455, Kuratorium für Technik und Bauwesen in der Landwirtschaft (KTBL), Darmstadt, S.94.

Schroth GmbH: Europalette, http://www.schroth-paletten.de/ladungstraeger-abc/eintrag/europalette.html.

Sekretariat der Klimarahmenkonvention: „Protokoll von Kyoto zum Rahmenübereinkommen der Vereinten Nationen über Klimaänderungen" vom 11. 12. 1997, deutscher Wortlaut, Bonn.

Stichnothe, H.; Johann-Heinrich von Thünen-Institut: Carbon footprint – Der britische „Standard" PAS 2050 im Spiegel der Ökobilanz-Methodik und weitere Normierungsbestrebungen, Manchester, Braunschweig, 39-43 S. In Ökobilanzierung 2009 –Ansätze und Weiterentwicklungen zur Operationalisierung von Nachhaltigkeit, Tagungsverband Ökobilanz- Werkstatt Freising; 2009.

Stock, M.: Klimaveränderungen fordern die Winzer – Bereitschaft zur Anpassung ist erforderlich; Potsdamer-Institut für Klimafolgenforschung e.V. (PIK).

Thompson: Studie „Arctic Climate Impact Assessment" Thompson, L.G. et al. Kilimanjaro Ice Core records: Ecidence of Holocene Climate Change in Tropical Africa, 2002.

Umweltbundesamt (UBA): Wissenschaftliche Untersuchung und Bewertung des Indikators "Ökologischer Fußabdruck", Dessau –Roßlau; 2007.

Umweltbundesamt (UBA): Wissenschaftliche Untersuchung und Bewertung des Indikators "Ökologischer Fußabdruck", Dessau –Roßlau; 2007.

Weart, S.R.: The discovery of global warming (Harvard University Press, Harvard, 2003

Weingesetz in der Fassung der Bekanntmachung vom 18. Januar 2011 (BGBl. I S. 66), das durch Artikel 2 Absatz 13 des Gesetzes vom 22. Dezember 2011 (BGBl. I S. 3044) geändert worden ist.

Das deutsche Weinmagazin: Wie viel Strom braucht der Wein; Mai 2002.

Weinverordnung in der Fassung der Bekanntmachung vom 21. April 2009 (BGBl. I S. 827), zuletzt durch Artikel 5 der Verordnung vom 29. September 2011 (BGBl. I S. 1996) geändert.

Werener-Korall, E.; Herzog, M.; Dresen, B.; Hiebel, M.: „Carbon Footprint von Produkten (CPF) – Bilanzierung in kleinen und mittleren Unternehmen" CFP KMU. Abschlussbericht, Frankfurt, Oberhausen, Aachen.; 2009.

Wütz, S.: Der Product Carbon Footprint. Von Nachhaltigkeit über grüne Logistik zum CO_2-Fußabdruck und der Bewertung in der Praxis. Diplomarbeit, 1. Auflage, GRIN-Verlag, München; 2010.

Abkürzungsverzeichnis

BDI	Bundesverband der Deutschen Industrie e.V.
BMBF	Bundesministerium für Bildung und Forschung
BMU	Bundesministerium für Umwelt, Naturschutz und Reaktorsicherheit
BS	British Standards
BSI	British Standards Institution
CCF	Corporate Carbon Footprint
CFP	Carbon Footprint of Products
CH_4	Methan
CO_2	Kohlenstoffdioxid
CO_2eq	Kohlenstoffdioxidäquivalente
DIN	Deutsches Institut für Normung e.V.
DLR-R.N.H.	Dienstleistungszentrum ländlicher Raum Rheinhessen-Nahe-Hunsrück
EN	Europäische Norm
FCKW	Fluorchlorkohlenwasserstoff
H_2	Wasserstoff
HFKW	Teilhalogenierte Fluorkohlenwasserstoffe
IESAR	Institute for Environmental Studies and Applied Research Bingen
Ifeu	Institut für Energie- und Umweltforschung, Heidelberg
Ifu	Institut für Umweltinformatik, Hamburg
IPCC	Intergovernmental Panel on Climate Change
IR	Infrarot

ISO	Internationale Standardisierungsorganisation
KMU	Kleine und mittelständische Unternehmen
kWh	Kilowattstunde
l (L)	Liter
Mio	Million
MS Excel	Microsoft Excel
N_2O	Lachgas (Distickstoffoxid)
O_3	Ozon
org	organisch
PCF	Product Carbon Footprint
PCR	Product Category Rule
pkm	Personenkilometer
PFKW	perfluorierte Kohlenwasserstoffe
RLP	Rheinland-Pfalz; Land
SF_6	Schwefelhexafluorid
SiH_4	Silan
Sofia	Sonderforschungsgruppe Institutionsanalyse
THG	Treibhausgase
tkm	Tonnenkilometer
TSB	Transferstelle für rationelle und regenerative Energienutzung Bingen
UV	Ultraviolett

Das Institut

Das "Institute for Environmental Studies and Applied Research" (IESAR) wurde im Jahr 2003 als Einrichtung der Fachhochschule Bingen gegründet. IESAR führt angewandte Forschungsvorhaben durch und nimmt Beratungsaufgaben schwerpunktmäßig in den Bereichen Umweltrecht und -ökonomie, Umweltmanagement, Planung und internationale Entwicklungszusammenarbeit wahr. Das Institut versteht sich als interdisziplinäre Einrichtung und finanziert sich ausschließlich aus Drittmitteln.

Aufgaben im Bereich Forschung und Entwicklung

Umweltberatung in Entwicklungs- und Schwellenländern

- Gesetzgebungsberatung und Institutionenbildung
- Know-how-Transfer

- *Europäische Umweltpolitik und Umweltrecht*

- Implementationsforschung / Umsetzung europäischer Gesetze
- Wirksamkeit rechtlicher und ökonomischer Instrumente
- Europäisches Regieren
- *Unternehmen und Umwelt*

- Umweltmanagement
- Riskmanagement

Aufgaben im Bereich der Lehre

- Studierendenaustausch
- Diplomandenbetreuung
- Praktikantenausbildung - (auch ausländische)
- Durchführung von Tagungen und Seminaren

Das Institut erfüllt diese Aufgaben insbesondere durch:

- Projektdurchführung in Entwicklungs- und Schwellenländern
- Durchführung von Seminaren in den Bereichen Umwelt und Entwicklung
- Drittmittelforschung für europäische und deutsche Institutionen
- Beratung von Unternehmen und know-how-Transfer

Kontakt

Prof. Dr. jur. Gerhard Roller
Berlinstr. 109
D-55411 Bingen am Rhein
Tel: 06721-409-308 Fax: 06721 409-855
E-Mail: roller@fh-bingen.de

Berichte des Instituts für Umweltstudien und angewandte Forschung der Fachhochschule Bingen

Herausgeber:
Prof. Dr. Elke Hietel
Prof. Dr. Gerhard Roller

Bisher erschienen:

Band 1 Roller, Gerhard und Hietel, Elke Umweltschutz in der Bauleitplanung, 2005.

Band 2 Steuk, Johanna Die Haftung nach den Umweltschadensregelungen des Umweltgesetzbuches und des Umweltschadensgesetzes, 2009.

Band 3 Bickel, Malte Bestandserfassung rastender Meeresenten – Auswertung von Flugzeugzäh- lungen entlang der schleswig-holsteinischen Ostseeküste im Rahmen des Natura 2000 Monitoring, 2011.

Band 4 Gerstenberger, Gina Weinbergsmauern – Erhalt von Biotop und Kulturgut. Ein GIS-gestütztes Modellkonzept zur Erfassung, Pflege und Entwicklung, 2011.

Band 5 Bauer, Cornelia Neophyten im Siedlungsbereich – Vorkommen, Auswirkungen und Handlungsstrategien, betrachtet für die Stadt Ingelheim am Rhein, 2011.

Band 6 Roller, G., Führ, M. und Obermaier, D. (Hrsg.) Marktchancen für Umwelttechnologie und interkulturelle Kompetenz in ausgewählten Ländern der MENA-Region, 2012.

Band 7 Wolter, Marius Die Umsetzung des Grünstromprivilegs nach dem EEG, 2013

Band 8 Friedrich, Christoph und Palmes, Desiree Ermittlung eines Product Carbon Footprints (CO_2-Fußabdrucks) in der Weinwirtschaft als Beitrag zur Verbesserung einer klimaschonenden Weinproduktion, 2013

i want morebooks!

Buy your books fast and straightforward online - at one of world's fastest growing online book stores! Environmentally sound due to Print-on-Demand technologies.

Buy your books online at
www.get-morebooks.com

Kaufen Sie Ihre Bücher schnell und unkompliziert online – auf einer der am schnellsten wachsenden Buchhandelsplattformen weltweit! Dank Print-On-Demand umwelt- und ressourcenschonend produziert.

Bücher schneller online kaufen
www.morebooks.de

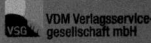 VDM Verlagsservicegesellschaft mbH
Heinrich-Böcking-Str. 6-8   Telefon: +49 681 3720 174   info@vdm-vsg.de
D - 66121 Saarbrücken   Telefax: +49 681 3720 1749   www.vdm-vsg.de

Printed by Books on Demand GmbH, Norderstedt / Germany